Making Fonts with Glyphs

用 Glyphs
第一次製作字型就上手

前言

隨著可在個人電腦上使用的字型製作軟體出現，現在即使不是專業字體設計師，也可以在自己的電腦上輕鬆製作字型了。而眾多字型製作軟體中，Glyphs 是一套無論專家還是業餘使用者都廣泛使用的王道軟體。事實上，就連國內外許多字體公司所販售的字型，都是使用 Glyphs 製作的。

Glyphs 是由 Georg Seifert 為中心在德國開發，於 2021 年已發布至第 3 版（本書也是根據 Glyphs 3 所編寫）。支援中日文字型製作，軟體可直接在 Glyphs 官方網站購買（只有 Mac 版本／ Mac OS 10.11 以上／可免費試用 30 天）。網站上還提供 PDF 使用手冊下載，本書則提供更易懂的操作步驟與畫面說明。

為了讓第一次接觸 Glyphs 的讀者能夠理解使用方式，本書會從最基礎的軟體安裝、畫面各面板的說明開始（Chapter1）、說明如何製作只有幾個字的簡單字型檔案（Chapter2）。而製作字型最重要的基本操作，也就是路徑繪製方法，會在 Chapter3 詳細解說。若您有稍微接觸過 Glyphs 的經驗，也可從後半部 Chapter4 後的內容開始閱讀。

另外，本書有練習用檔案可供下載使用，一邊閱讀書裡的解說同時操作，能夠更加深理解，請配合各解說頁面所記載的檔名，下載相對的檔案使用。

本書由多位有 Glyphs 實際製作字型經驗的作者執筆。Chapter1〜4 由從事 DTP 相關工作的丸山邦朋與照山裕爾，Chapter5〜6 則由字體設計師大曲都市與吉田大成執筆（大曲也參與 Glyphs 日文版畫面與手冊的翻譯）。

相信本書詳盡的說明，能讓第一次接觸 Glyphs 的讀者都能以直覺理解內容。若您還沒有使用過 Glyphs，趕快下載 30 天試用版，體驗字型製作吧！

本書的使用方式

● 關於本書的程度

本書主要針對沒有使用過、或對 Glyphs 稍有理解的讀者編寫。沒有使用過的讀者請從 Chapter1 開始閱讀。若您已經理解基本用語與基本操作，具體的字型製作則會在 Chapter4～6 介紹。

● 關於現在可用的 Glyphs 版本

本書基於 Glyphs 3 編寫，多數內容也適用版本 1、2，但軟體介面跟部分用詞可能不同。

2022 年 8 月，在 Glyphs 官方網站可購買的版本為 Glyphs 3 與 Glyphs Mini 2。Glyphs Mini 是大幅限縮以下功能的初學者用簡易版本。

・Glyphs 3：為專家與設計師設計的 Mac 字型編輯器，299 歐元
  （按：約台幣 10679 元）
・Glyphs Mini 2：為初學者設計的 Mac 用字型編輯器，49 歐元
  （按：約台幣 1750 元）
購買網站：https://glyphsapp.com/buy

Glyphs Mini 2 不包含的功能：
・阿拉伯文字、南亞文字、東南亞文字等需要複雜設定的文字語系
  （支援西里爾文字、希臘文字）。
・不支援中日文直排功能。OpenType 功能有所制限。
・不支援可變字型（OTVar）、TTF、彩色字型、WOFF2、UFO、
  multiple-master Glyphs、Glyphs Package、Glyphs
  Projects、SFSymbols 與匯出圖片。
・不支援第三方外掛程式與腳本。
・不支援圖層、多主板、字重間自動內插、可變字型、彩色字型、
  彩色圖示、匯出圖片、自訂 OpenType 功能、TrueType 編輯，
  以及調距、擴充功能（濾鏡、外掛程式、腳本、巨集）、完整的
  字型資訊設定、進階批次處理、智慧組件、線段組件、筆刷組件
  等。

● 練習用檔案的使用方式

練習用檔案可在以下連結位置下載：

Chapter2：體驗製作字型
練習檔案：2-01.glyphs ／完成檔案：2-01-complete.glyphs

Chapter3：繪製路徑
01 準備 Glyphs 檔案～20 參考線
練習檔案：3-01.glyphs

21 背景圖層
練習檔案：3-01.glyphs、3-02.glyphs

22 圖層
練習檔案：3-03.glyphs

23 組件
練習檔案：3-04.glyphs ／完成檔案：3-04-complete.glyphs

24 角落組件～27 筆刷
練習檔案：3-05.glyphs

28 加入圖片
練習檔案：3-06.glyphs ／3-06_imgs（圖片檔案夾）

Chapter4：製作符號字型
練習檔案：4-01.glyphs ／完成檔案：4-01-complete.glyphs

Chapter5：製作歐文字型
完成檔案：5-01-complete.glyphs

Chapter6：製作日文字型
完成檔案：6-01-complete.glyphs

Chapter7：製作中文字型
完成檔案：7-01-complete.glyphs

Setup and Overview
第一次打開 Glyphs
安裝與概述

若您還沒有使用過 Glyphs，這裡會說明如何取得軟體、安裝、購買使用授權與註冊，
並說明開啟 Glyphs 時會看到的視窗畫面。

01 下載與安裝

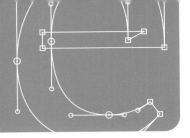

下載 Glyphs

要取得Glyphs，可直接從Glyphs官方網站下載應用程式。

無論按哪個按鈕都會進入同一個購買頁

❶ 開啟 Glyphs 網站

※ 網址　https://glyphsapp.com/

❷ 進入購買頁面

點選首頁的「Get Glyphs」連結或「Download Glyphs 3」按鈕，進入購買頁面。在這裡目前還不需要馬上購買。

※ 購買頁面網址　https://glyphsapp.com/buy

❸ 點擊「Download app →」

點選購買頁面內的Glyphs 3「Download app →」連結。這樣就能直接下載最新版本的zip檔案。

畫面上「Download app →」有小字註明「**runs in free trial mode for 30 days**（30天會以免費試用模式執行）」，應用程式本身並沒有試用版與正式版的差異。

按「Download app →」就能下載Glyphs軟體

安裝 Glyphs

解壓zip檔案後，就會出現Glyphs應用程式了。請將它直接拖曳到應用程式檔案夾裡。

沒有安裝程式，直接拖曳到應用程式檔案夾就安裝好了。

※ Glyphs請放在應用程式檔案夾的最上層，若放在應用程式檔案夾中其他的檔案夾裡，執行時容易當掉。

※ 請先在下載的資料夾中解壓zip檔後，再拖進應用程式檔案夾。若把zip檔案放在應用程式檔案夾裡解壓，則會因為macOS安全性限制導致Glyphs無法正常更新。

以試用模式開啟 Glyphs

若沒有購買使用授權，Glyphs 會自動以試用模式開啟。
在試用模式下，30 天內所有功能都可以免費試用。

開啟 Glyphs 時，都會顯示右圖這樣的視窗提示請註冊購
買軟體。

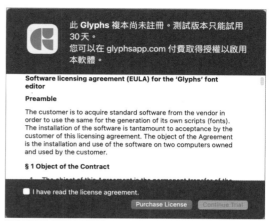

開始試用模式時顯示的視窗

勾選「I have read the license agreement（我已閱讀使
用授權同意書）」後，就可以按「Continue Trial（繼續試
用）」按鈕了。按此按鈕便可以進入試用模式。

按下「Continue Trial」按鈕就能進入試用模式

每次以試用模式開啟 Glyphs，都會顯示提示購買註冊授
權的視窗。

按下「繼續試用」按鈕就可以繼續試用。

試用模式中顯示的視窗。每次都要按「繼續試用」按鈕進入

當試用模式到期時……

當30天期限結束後，提示購買註冊授權的視窗的訊息會
變成試用期結束的說明，「繼續試用」按鈕會變成「關
閉」。

按下「關閉」按鈕會關閉Glyphs，之後就不能再繼續試
用了。

註冊授權後就會解除試用模式，可繼續使用軟體。

試用期結束後會顯示的視窗。要繼續使用，須購買授權進行註冊

02 購買授權並註冊

當30天試用期結束後，若想要繼續使用Glyphs，就必須購買使用授權。

Glyphs的使用授權是針對購買的使用者個人，並沒有Mac使用台數的限制，是相當划算的授權規則。

購買使用授權

這裡的購買步驟是個人用的單人授權。

❶ 開啟購買頁面
※ 購買頁面網址　https://glyphsapp.com/buy

❷ 按下「BUY for € 299」按鈕
在購買頁面中，按下Glyphs3的「BUY for €299」按鈕。

按下此按鈕後，並沒有馬上購買完成，而是會進入輸入必要資訊的畫面。

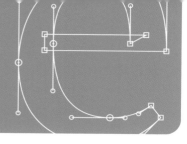

在下載Glyphs同一個頁面按下購買按鈕

選擇付款方式、輸入必要資訊，姓名請用英文輸入。接著按下「支付」按鈕進行付款。
※ 實際支付的金額會依照當下匯率對信用卡請款。

付款購買授權後，整個註冊程序還沒有結束。接著要耐心等待E-mail通知。

具體的購買畫面。使用者會直接登錄在使用授權檔案裡，建議使用英文輸入

購買使用授權後……

完成購買程序後會收到E-mail。這個E-mail的附件，就是Glyphs的使用授權檔案。

註冊授權時需要這個檔案。

請確認有沒有收到這個使用授權檔案。如果沒有收到郵件，請檢查看看是不是跑到垃圾信件資料夾裡了。

若您已確認收到檔案，請小心保管這個使用授權檔案，不要遺失。

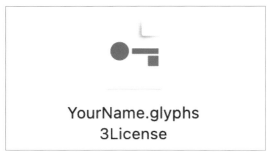

Glyphs 3的使用授權檔案。檔名就是您購買時輸入的姓名（可自行修改檔案名稱也沒有問題）。這個檔案非常重要，請小心保管。

註冊授權

要註冊已購買的使用授權，需要用到購買後E-mail所收到的使用授權檔案。

開啟Glyphs，將使用授權檔案拖曳到如右圖開啟的視窗裡。

將使用授權檔案直接拖曳到視窗裡就能解除試用模式

這樣會顯示「註冊Glyphs 3」視窗。

這麼一來註冊授權程序就完成了，按下「好」盡情使用Glyphs吧。

顯示「註冊Glyphs 3」對話方塊表示註冊完成

03 開啟 Glyphs

第一次開啟 Glyphs 時，可能會被一些莫名其妙出現的視
窗嚇到。這到底是幹什麼用的視窗呢？接下來該怎麼做
呢？這裡就來說明這些一開始會遇到的疑問。

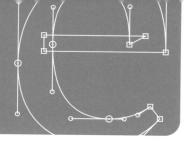

開啟 Glyphs 時會顯示的
兩個視窗

「自動檢查更新項目？」

尚未執行過任何一次 Glyphs 的 Mac 電腦，第一次開啟
Glyphs 時，會顯示這個強制回應的視窗。

就按下「自動檢查」按鈕吧。這樣一來每次軟體有更新
時，就會收到通知。按過一次按鈕後，這個視窗就不會
再顯示了。

日後如果要修改自動確認更新的設定，可在選單「設
定⋯ > 更新 > 自動檢查新版本」隨時修改。

即使關掉自動檢查新版本，也可以自己手動在偏好設定
裡按下「現在檢查」按鈕，或直接在選單點選「Glyphs
> 檢查更新⋯」確認是否有新版本。

第一次啟動時才會顯示的強制回應視窗

偏好設定「更新」

選單「檢查更新⋯」

起始視窗

Glyphs在未開啟任何檔案時，會顯示起始視窗。起始視窗又分為「預設集」與「歡迎使用Glyphs」兩種。

● 預設集

尚未使用Glyphs開過任何檔案時，開啟時會顯示這個視窗。

「預設集」的使用方式並不太直覺，反正並不是非用不可的視窗，直接按 ✕ 關掉就可以了。

起始視窗「預設集」

● 歡迎使用Glyphs

若曾經用Glyphs開過任何檔案，就會顯示這個視窗。這也是起始視窗的一種。在這個畫面若點擊 ✚，就會顯示上面的「預設集」視窗。這也不是必要的視窗，可以直接按 ✕ 關掉。

※ 若開過檔案卻沒有顯示「歡迎使用Glyphs」視窗，可重新啟動Glyphs。

起始視窗「歡迎使用Glyphs」

取消勾選 ── 啟動時顯示視窗

● 不要自動顯示起始視窗

起始視窗並不是只有在啟動Glyphs時會自動顯示。當Glyphs沒有開啟任何檔案，而將Glyphs切換至最上層時，起始視窗就會自動顯示出來。

若您對這個行為感到厭煩，可以取消「啟動時顯示視窗」的勾選，這麼一來就不會自動顯示起始視窗了。若想要重新顯示它，可點選選單中的「視窗 > 起始視窗」開啟。

選單「起始視窗」，若想要自動顯示起始視窗，就點選這個選項開啟視窗後，重新勾選「啟動時顯示視窗」

「歡迎使用Glyphs」會顯示過去曾經開啟過的檔案列表。在選單「檔案 > 最近開過的檔案」也會顯示一樣的內容，關掉起始視窗也無所謂。

※ 若按了「最近開過的項目 > 清除選單」，會清楚過去開啟檔案的歷程，起始視窗也回到「預設集」狀態。

選單「最近開過的檔案」

04 建立 Glyphs 檔案

使用 Glyphs 製作字型，需建立副檔名為「**.glyphs**」的專用檔案。

在 Glyphs 進行的任何編輯加工動作，都是儲存在這個檔案裡。

第一步就是製作出這個檔案。

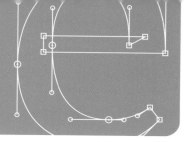

New Font.glyphs

Glyphs 的檔案

選單「檔案＞新增」

使用「預設集」起始視窗其實需要理解Glyphs較深的知識，不太適合初學者。

從選單「檔案＞新增」就可以建立 Glyphs 檔案了。點選以後，就會顯示出工作主視窗。從這裡開新檔案比較方便。

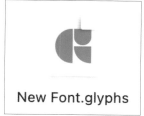

選單「新增」

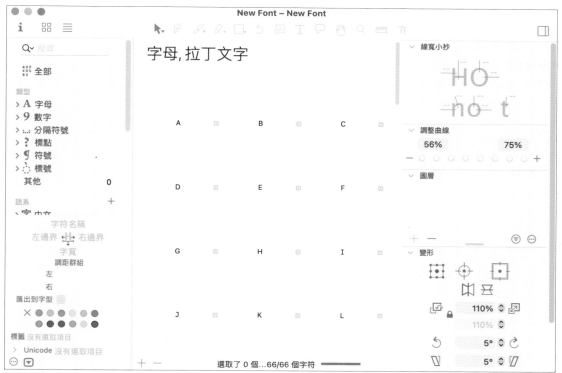

選單「檔案＞新增」顯示出的主視窗

儲存 Glyphs 檔案

主視窗開啟後，接下來先試著儲存這個檔案。請點選選單裡的「檔案 > 儲存」。

選單「儲存」

這樣會開啟儲存對話方塊，指定要儲存檔案的位置，並且確認檔案格式選取的是「Glyphs 檔案」，按下「儲存」按鈕即可。

儲存對話方塊

Glyphs 檔案就儲存完成了。

儲存的 Glyphs 檔案。修改檔名也不會影響字型製作作業

Glyphs 檔案是以字型單位區分的

● 不能用一個檔案製作多個字型家族

Glyphs 檔案不能用同一個檔案製作家族名稱不同的字型。每個字型家族必須分開成不同的檔案。

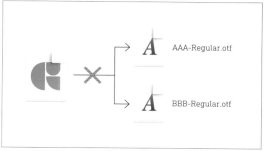

同個檔案不能製作家族名稱不同的字型

● 一個檔案可以製作多個樣式

若是相同家族名稱的字型，一個 Glyphs 檔案，可以製作出多個不同樣式名稱的字型檔。只需要一個檔案，就能處理整個字型家族，非常方便。

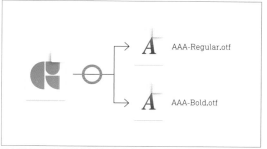

同個檔案可以製作樣式名稱不同的字型

不要使用 Glyphs 直接開啟字型檔

Glyphs 可以讀取現有的字型檔，但並不能正確讀入所有資訊。也有可能製作出錯誤的 Glyphs 檔案，匯出字型無法正常使用。

當手邊有 Glyphs 檔案時，就不應該去開啟字型檔。

只有在特別必要的場合，沒辦法才只好用 Glyphs 去開啟字型檔。

盡可能避免用 Glyphs 開啟字型檔

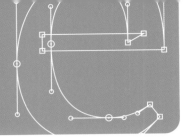

05 主視窗概要

開啟 Glyphs 檔案後，會顯示出主視窗。每一個 Glyphs 檔
案分別只會顯示一個主視窗。

主視窗主要分為四大區域。

- 字型畫面
- 字型畫面清單
- 字符屬性
- 控制盤側欄

接下來會說明這些區域的用途。

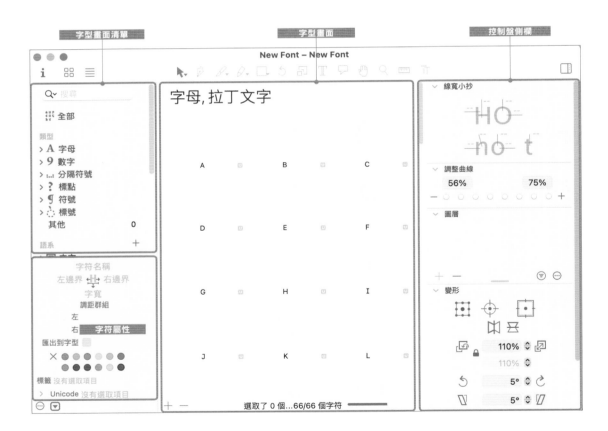

字型畫面

中間最大的區域稱為「字型畫面」，這裡會顯示出目前正在製作的字型裡包含的所有文字。

這裡所顯示出的稱為「字符（glyph）」。

若字符內顯示淡灰色的文字，表示這個字符目前是空的。並沒有任何外形，只是為了容易識別，暫時以macOS的系統字型顯示出參考字樣而已。這些淡灰色文字在某些字符可能會顯示錯誤的參考字樣，不能完全相信它。

在字型畫面用滑鼠點兩下字符，就會開啟「編輯畫面」。

字型畫面（並排顯示）。空字符會以淡灰色字樣顯示

字型畫面又有「並排顯示」、「清單顯示」兩種顯示模式，可在視窗左上方的按鈕進行切換。

字型畫面的顯示切換按鈕

字型畫面的操作是模仿macOS的Finder，無論滑鼠與鍵盤快捷鍵，都可使用與Finder操作檔案相同的方式來操作字符。

ID	...	名稱	Unicode	語系	分類	次分類	大小寫	字寬
0	☑	A	0041	latin	Letter		大寫字母	600
0	☑	B	0042	latin	Letter		大寫字母	600
0	☑	C	0043	latin	Letter		大寫字母	600
0	☑	D	0044	latin	Letter		大寫字母	600
0	☑	E	0045	latin	Letter		大寫字母	600
0	☑	F	0046	latin	Letter		大寫字母	600
0	☑	G	0047	latin	Letter		大寫字母	600
0	☑	H	0048	latin	Letter		大寫字母	600
0	☑	I	0049	latin	Letter		大寫字母	600
0	☑	J	004A	latin	Letter		大寫字母	600
0	☑	K	004B	latin	Letter		大寫字母	600
0	☑	L	004C	latin	Letter		大寫字母	600
0	☑	M	004D	latin	Letter		大寫字母	600
0	☑	N	004E	latin	Letter		大寫字母	600
0	☑	O	004F	latin	Letter		大寫字母	600
0	☑	P	0050	latin	Letter		大寫字母	600
0	☑	Q	0051	latin	Letter		大寫字母	600
0	☑	R	0052	latin	Letter		大寫字母	600
0	☑	S	0053	latin	Letter		大寫字母	600
0	☑	T	0054	latin	Letter		大寫字母	600
0	☑	U	0055	latin	Letter		大寫字母	600
0	☑	V	0056	latin	Letter		大寫字母	600
0	☑	W	0057	latin	Letter		大寫字母	600
0	☑	X	0058	latin	Letter		大寫字母	600

字型畫面的清單顯示

字型畫面清單

這個區域沒有正式名稱，在這裡姑且稱之為「字型畫面清單」。

若想要在字型畫面裡只顯示特定範圍的字符，可以在這個區域選取清單項目。這裡提供非常多種清單，共通點在於當您選取任何清單項目後，字符畫面就會根據清單裡內建的資訊，只顯示出對應的字符。

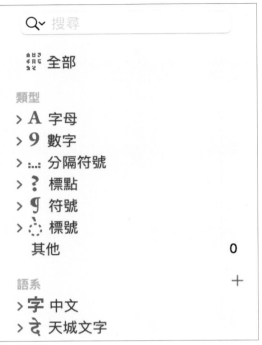

字型畫面清單

選取「數字」，字型畫面裡就只會顯示數字字符

● 「類型」「語系」

這是以特定種類對字符進行分類的清單，這些都是 Glyphs 所內建的，使用者不能自己編輯。

點選 〉可展開更詳細的子分類清單。

類型	
∨ **A** 字母	
大寫字母	26
小寫字母	26
合字	0
小字大寫	0/26
上標字	0
〉**9** 數字	
〉∴∴ 分隔符號	

展開清單可顯示更詳細的子分類清單

● 「文字篩選範圍」

由使用者自己定義清單的功能。一開始顯示的 3 個篩選清單只是單純的範例，可自行編輯或刪除。

若對篩選清單進行新增、編輯、刪除，也會同時反映到其他字型的主視窗。

文字範圍篩選	
✿ Exporting glyphs	66
✿ Incompatible masters	0
✿ Metrics out of sync	0
≡ Mac Roman	66/243
≡ Windows 1252	66/218

使用者建立的清單會顯示在文字篩選範圍處

● 搜尋欄位

搜尋字符的地方。字型畫面裡只顯示出搜尋到的字符。

主要是搜尋字符名稱（Name）。也可以搜尋字碼（Unicode）與備註（Note）。勾選「All」的話，Glyphs會自動判斷輸入的類型。通常以「All」進行搜尋就可以了，除非有特別需要限制類型時再選取其他類型。

搜尋欄位可用各種設定搜尋字符

MEMO 如何在字型畫面顯示所有字符

剛開啟Glyphs檔案時，字型畫面會顯示出所有字符。

但是在使用清單、搜尋欄位限縮字型畫面所顯示的字符後，有時候又會碰到要看到所有字符而回不去的情形。

這時請清空搜尋欄位，並選取字型畫面清單的「全部」。

最常見的情況是忘記清空搜尋欄位造成一直顯示不出字符，請務必熟記這個標準處理流程。

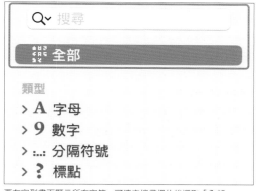

要在字型畫面顯示所有字符，可清空搜尋欄位後選取「全部」

字符屬性

字型畫面選取任何字符後，這個位置會顯示各種屬性
（property）。

您可直接在這裡編輯屬性值。也可以同時選取多個字
符，一口氣設定共通的屬性值。

按下 ☑ 按鈕，可以切換顯示或隱藏字符屬性區域。

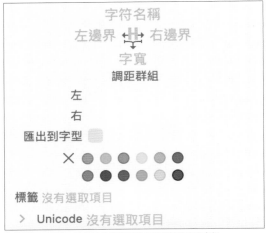

字符屬性。用來一次修改多個字符的共通屬性值時很方便

字符屬性的顯示切換按鈕

控制盤側欄

這個區域裡顯示4種不同的功能，都集中顯示於畫面側欄
上。

這些功能分別都是獨立的，不會交叉作用。因為這些功
能經常需要使用，顯示在主視窗裡比較方便，才會集中
顯示在這裡。

按下 ☐ 按鈕可以切換顯示或隱藏。

控制盤側欄的顯示切換按鈕

控制盤側欄

chapter

Experience
體驗製作字型

詳細的說明留到後面，先嘗試體驗製作一個字型吧。

在這裡只繪製一個字，並匯出字型檔。

目的是掌握製作字型的大致流程。

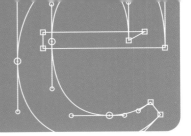

01 建立 Glyphs 檔案

 練習檔案：2-01.glyphs／完成檔案：2-01-complete.glyphs

開啟練習檔案

要製作字型時，需要先建立出 Glyphs 檔案。在這裡因為目的是體驗如何製作字型，請直接使用最低限度所需資料的練習檔案「2-01.glyphs」。

開啟練習檔案確認檔案裡有「.notdef」、「space」、「A」這3個字符。

這個同時顯示出多個字符的畫面稱為「字型畫面」，字型畫面會顯示出字型裡所有字符。

「.notdef」、「space」是任何字型都必須要存在的字符，請保持原狀。

而字符「A」的內容目前還是空的，我們接下來就要來繪製這個A字元。

※ 淡灰色的A表示這個字符目前是空的，為了讓空字符還能快速了解它是A字符，所以用淡灰色的字樣顯示。在這個字符進行繪製後，就不會顯示淡灰色，而是像「.notdef」字符那樣以黑色清楚顯示。

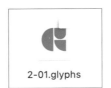

2-01.glyphs

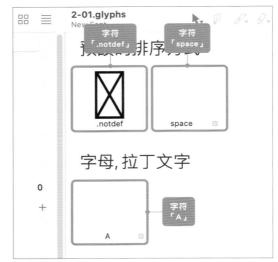

練習檔案的字型畫面

設定字型名稱

在繪製文字之前，先來設定字型名稱。

請在開啟著練習檔案的狀態下，點選選單「檔案＞字型資訊…」（command+I）。

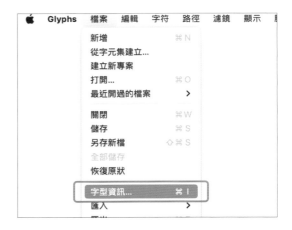

「字型資訊」視窗

這樣會開啟「字型資訊」視窗,這裡集合了各種對字型整體會構成影響的設定。字型的名稱要設定在「家族名稱」欄位。

※ 若您顯示的畫面不同,則請點選視窗上方的「字型」分頁按鈕。

在 Glyphs 建立新的 Glyphs 檔案,字型名稱都會預設是「New Font」。建議改掉這個名稱,若其他字型已經使用「New Font」這個名稱,字型名稱重複是導致系統無法正常識別字型的元凶。

在這裡將字型名稱改為「TestFont」。

※ 字型名稱可輸入的文字只有半形英文字母與數字。中文名稱在之後匯出字型時會導致錯誤。

修改字型名稱後,關閉「字型資訊」視窗就可以了。

將家族名稱改為「TestFont」

(MEMO) 字型的樣式名

字型資訊視窗「匯出」分頁裡的「樣式名」也是字型名稱的一部分。

家族名稱:TestFont
樣式名:Regular

字型的完整全名是這兩個名稱合在一起的「TestFont-Regular」。

※ 樣式名同樣只能使用半形英文字母與數字,使用中文會造成字型無法正確匯出。

※ 練習檔案的樣式名不用特別更改。

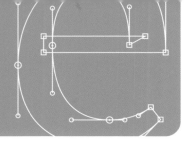

02 繪製文字

接下來要在字符「A」裡，畫出像右圖一樣的A文字圖案。

字型檔的文字是以名為「路徑（path）」的專用線條所構成的。Glyphs 也與字型相同，是以路徑來畫出文字的外形。來試著畫些簡單的路徑吧。

開啟字符「A」的內容

在字型畫面點選字符「A」後，再次用滑鼠連點兩下字符「A」。

這樣會開啟一個畫面，顯示字符「A」的內容。這個畫面稱為「編輯畫面」，用來繪製文字的外形。

※ 請確認視窗上方出現「A」分頁，若要關閉編輯畫面就是關掉這個分頁。

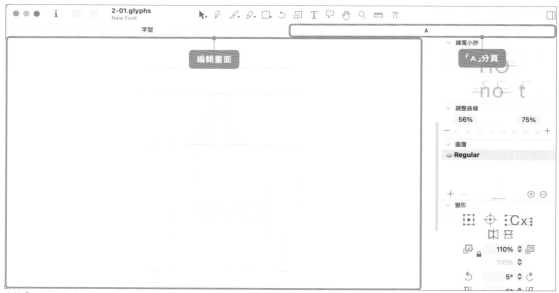

字符「A」的編輯畫面

切換至「矩形工具」

視窗上方有各種工具按鈕。在這裡用滑鼠按著中間的「多邊形工具」不放，等選單出現後，點選「矩形工具」。請確認滑鼠游標應該會變成右圖的形狀。

「矩形工具」的滑鼠游標

繪製路徑

這時在編輯畫面按下滑鼠按鍵，直接往斜向拖曳，就能畫出長方形的路徑。

一開始可能不太容易畫出心中想要的形狀，沒關係，點選「編輯 > 還原」（command+Z）隨時可以復原重畫。

※ 淡灰色的 A 只有當字符裡不存在任何路徑時才會顯示，當繪製任何路徑後就會消失

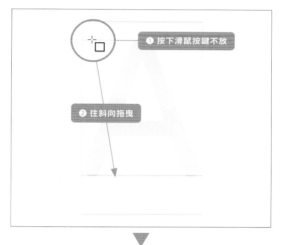

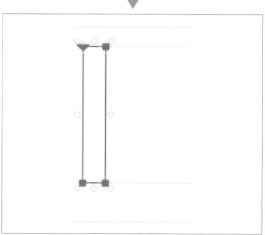

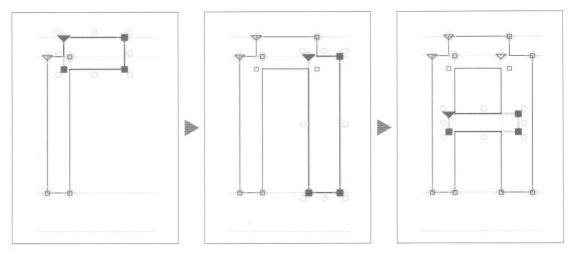

再畫3個長方形後，A這個字就完成了。

※ 詳細的路徑操作詳見Chapter 3。

預覽確認

在編輯畫面按下「space」鍵，可以暫時切換到移動工具。移動工具狀態下，會顯示塗黑的預覽，可在繪製字符的同時，當場確認繪製的效果。

像這樣，能夠快速切換繪製路徑狀態與塗黑預覽模式，正是Glyphs的一大特徵。預覽是製作字型時非常重要的功能，除此之外，Glyphs也具備其他便利的預覽功能（請見p.162）。

完成後，關閉「A」分頁（p.028）關掉編輯畫面。可以看到字型畫面裡的字符「A」也以黑色顯示剛才畫好的文字了。

這樣路徑就製作完成了。

字符「A」的預覽

字型畫面的字符「A」顯示剛畫好的路徑

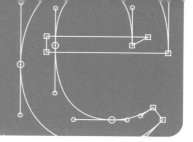

03 匯出字型檔

顯示字型匯出對話方塊

接著要從 Glyphs 檔案實際生成字型檔。

請在開著練習檔案的狀態，點選「檔案 > 匯出 …」
（command+E）。

這樣會開啟如下圖的匯出對話方塊，在這裡選擇上方的
「OTF」按鈕。

字型匯出對話方塊

● 在字型匯出對話方塊進行設定

各項目的設定內容如右圖所示。

※ 請務必不要勾選「測試安裝」，這是不熟悉 Glyphs 的使用者
　容易搞砸的功能。

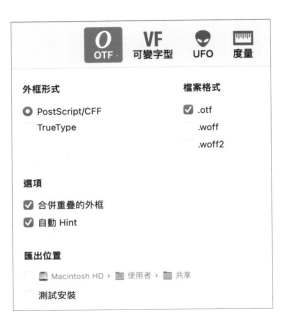

> **MEMO** 自動指定字型檔匯出位置
>
> 若在「匯出位置」處指定任意檔案夾並勾選，字型
> 就會自動匯出到這個位置。按下「下一步…」按鈕
> 後，選取匯出位置對話方塊會被省略。

選取字型檔匯出位置

設定完成後，按下右下角的「下一步…」按鈕。

這樣會顯示儲存對話方塊，請將儲存位置設定在「桌
面」，並按下右下角的「匯出字型」按鈕。

這樣 Glyphs 就會開始進行字型檔匯出作業。

請確認名為「TestFont-Regular.otf」的字型檔已經匯出
到桌面上，這就是自己繪製路徑做出來的原創字型。

請試著安裝這個字型，實際輸入 A 看看顯示的效果吧。

匯出的字型檔。圖示會隨著 Mac
環境而有所不同，不一定跟上圖相
同

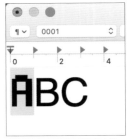

嘗試用做好的字型顯示 A 字，
上圖是在 Mac 文字編輯裡的顯
示效果

chapter

Drawing
繪製路徑

在這裡解說路徑的繪製方法，以及針對路徑的基本操作。
請試著操作練習檔案裡提供的路徑，慢慢習慣如何使用路徑。

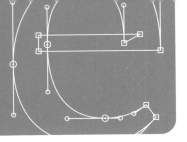

01 路徑相關用詞

 練習檔案：3-01.glyphs

這裡首先要介紹一些基本用詞。另外，這整個 chapter 的
練習檔案都是使用「3-01.glyphs」。

請在字型畫面點兩下字符「A」，開啟編輯畫面。

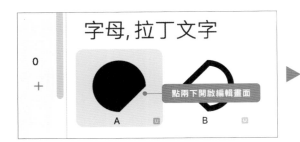

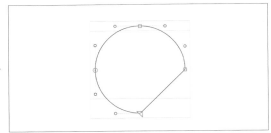

字符「A」的編輯畫面

外框、路徑

字符「A」的編輯畫面裡，有這個由曲線與直線所構成的
圖形。這樣的圖形稱之為「外框（outline）」或「路徑
（path）」。

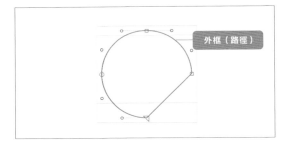

線上控制點

顯示在路徑上的控制點是「線上控制點（on-curve
point）」。這個路徑裡包含 4 個線上控制點。線上控
制點決定路徑所通過的位置（座標）。

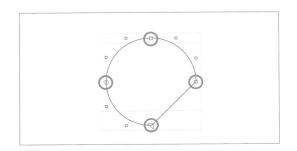

線段

線上控制點與線上控制點之間繪製的曲線或直線稱為「線段（segment）」。

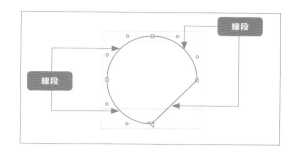

線外控制點、控制桿

從線上控制點所延伸出來的細線前端的控制點稱為「線外控制點（off-curve point）」或「控制桿（handle）」。線外控制點（控制桿）用來控制線段的彎度。

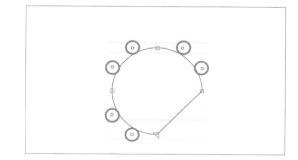

MEMO 控制點

當沒有必要區分線上控制點與線外控制點時，兩者都稱為「控制點（point）」。（譯註：Glyphs 2中文版則翻譯為「節點（node）」，在這裡使用 Glyphs 3中文版用詞。）

MEMO 放大鏡工具

若在編輯畫面作業中想要調整外框的顯示大小，可以使用「放大鏡工具」。

點選放大鏡工具之後，直接點擊編輯畫面就會拉近顯示，按著 option 鍵點擊畫面則會拉遠。也可以用拖曳拉近，按著 option 同時拖曳拉遠畫面。

另外，在使用其他工具時，也可以按著 command+space 暫時切換到放大鏡工具（拉近模式）。或是按著 command+space+option 切換到拉遠模式。

平滑控制點與角落控制點

● 平滑控制點

「平滑控制點（smooth point）」是以**綠色的圓形**所顯示的線上控制點。

※ 但如果該控制點是ch3-10所說明的「起始控制點」，則會以**綠色三角形**顯示。

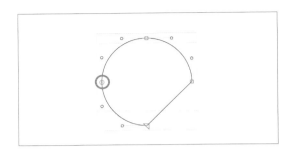

平滑控制點的兩端都是曲線，並且平順地連接在一起。

若嘗試調整平滑控制點兩端其中一邊的控制桿，另外一個方向的控制桿也會隨之維持在同一直線上移動，確保線段在平滑的狀態。

※ 移動控制點的方法會在稍後ch3-03說明。

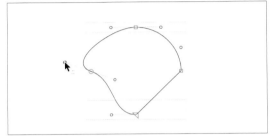

移動一端的控制桿，另一端的控制桿也會隨之移動，保持線段平滑狀態

● 角落控制點

「角落控制點（corner point）」是以**藍色方形**顯示的線上控制點。

※ 但如果該控制點是ch3-10所說明的「起始控制點」，則會以**藍色三角形**顯示。

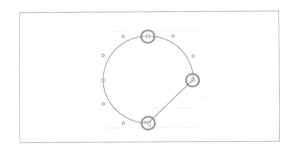

角落控制點兩端的線段可以是曲線，也可以是直線。

角落控制點兩端的線段，無論是否為曲線，或是否看似平滑連結，當嘗試調整一端控制桿時，另一端的控制桿不會連動。於是路徑就會在線上控制點的位置轉向。

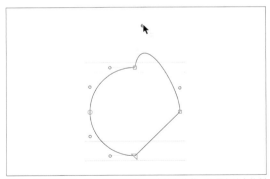

移動一端的控制桿，另一端的控制桿不會隨之移動，路徑在線上控制點的位置轉向

從下一節起，就來實際操作這些控制點與路徑吧。

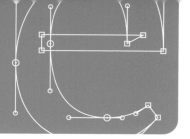

02 選取控制點與線段

 練習檔案：3-01.glyphs

雖然很想馬上來介紹怎麼畫出路徑，不過在這之前先要
來說明怎麼操作控制點與線段等元素。

首先要說明的是怎麼選取元素。請開啟字符「B」的編
輯畫面，這個字符裡面有如右圖這樣的兩個路徑。

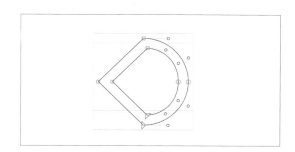

點選「選取工具」

要選取控制點或線段，要先從工具列中點選「選取工
具」。

確認滑鼠游標已變成右圖的形狀。

選取工具的滑鼠游標

MEMO 暫時切換到選取工具

當您正在使用矩形工具等其他工具時，可以按著
command 鍵臨時切換到選取工具。

選取控制點

● 點擊選取

在選取工具狀態下，點選左端的線上控制點吧。在點擊
之前，控制點內側顯示成中空。

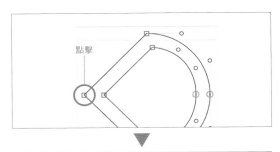

點擊後，控制點內側就被塗滿了，這表示選取的狀態。
每次點擊後，只會選取最後點擊的控制點。

※ 線外控制點同樣可以使用點擊選取。

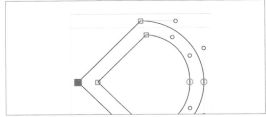

點擊選取的控制點會塗滿顯示

● 取消選取

點擊畫面上沒有路徑與線段的地方，就會解除選取。

※ 選取不只一個控制點時，點擊沒有路徑與線段的地方，會一
口氣解除選取所有控制點。

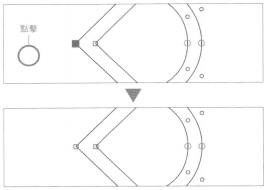

選取解除了

● 用 shift+ 點擊新增選取

按著 shift 鍵，點擊其他控制點，可以新增選取多個控制
點。

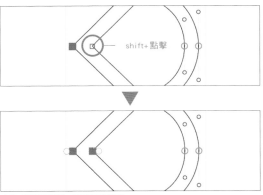

shift+ 點擊控制點，則會新增選取

● 用 shift+ 點擊解除部分選取

按著 shift 鍵，點擊選取中的控制點，則只有這個控制點的選取會被解除。

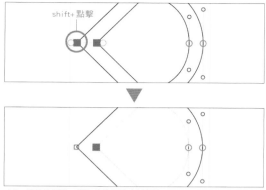

shift+ 點擊控制點，選取的控制點會被解除

● 拖曳選取

包圍控制點進行拖曳，可以選取拖曳範圍內的所有控制點（無論是線上控制點還是線外控制點）。

當然，也可以使用拖曳方式單獨選取 1 個控制點。

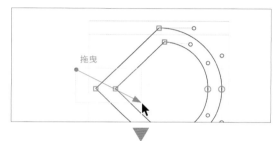

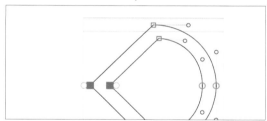

範圍內所有控制點都會被選取

● 用 shift+ 拖曳新增選取

選取控制點後，若按著 shift 鍵拖曳包圍多個控制點，可以將範圍內所有控制點新增至選取對象。

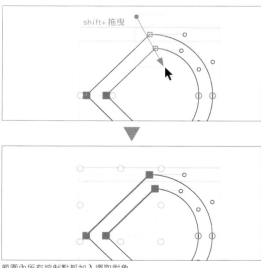

範圍內所有控制點都加入選取對象

● 用 shift+ 拖曳解除部分選取

按著 shift 拖曳已經選取的範圍，則範圍內已選取的控制
點會解除選取。

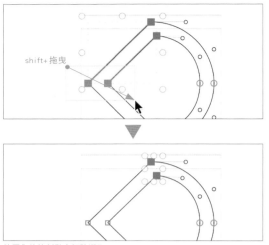

範圍內的控制點會解除選取

● 用 option+ 拖曳只選取線上控制點

按著 option 鍵包圍控制點拖曳，可以只選取範圍內所有
線上控制點。

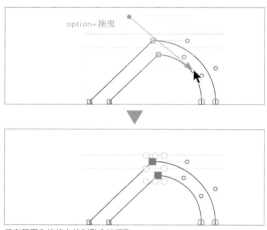

只有範圍內的線上控制點會被選取

● 用 tab 鍵選取下一個控制點

在只有選取1個控制點的狀態下按 tab 鍵，下一個控制點
（線上控制點或線外控制點）會被選取，原來選取的控制點
則會取消選取。

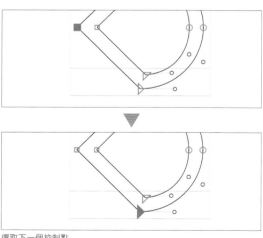

選取下一個控制點

另外，按**shift+tab**可以選取相反方向的控制點。

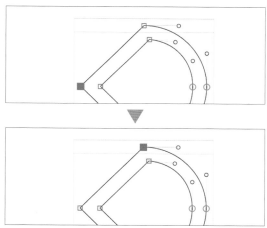

選取相反方向的控制點

選取線段

● 點擊選取

直接點擊線段上方，可以選取線段。選取的線段會以較粗的藍線顯示。

有時候用這個方法選取線段，會不太好點成功。這時也可以考慮直接選取線段兩端的線上控制點。所謂選取線段的狀態，**其實就等同於兩端線上控制點被選取的狀態**。

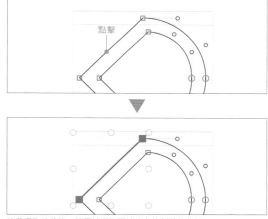

線段選取的狀態，等同於選取兩端線上控制點的狀態

按著 shift 鍵點擊其他線段，可以新增選取更多線段。

但是像右圖這樣，在線段上方拖曳並無法選取線段。若要使用拖曳方式選取線段，一定要將線段兩端的線上控制點包在拖曳範圍裡。

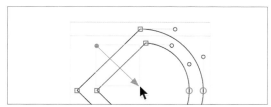

在線段中間拖曳並無法選取線段

選取路徑

● 點兩下選取

在路徑線段上連點兩下，可以選取
整個路徑。

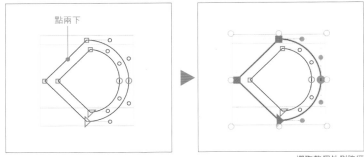

選取整個外側路徑

● 用 shift+ 點兩下新增選取

按著 shift 鍵，同時在其他路徑點兩
下，可以新增選取其他路徑。

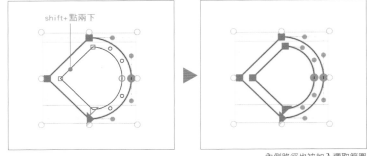

內側路徑也被加入選取範圍

● 點選「全選」

執行「編輯 > 全選」（command+A），
可以一口氣選取所有路徑。

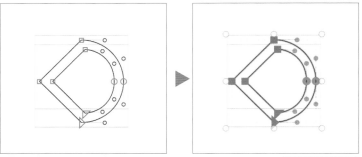

所有路徑都被選取了

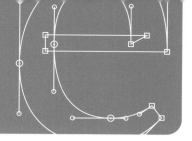

03 移動控制點

練習檔案：3-01.glyphs

接著要說明如何移動選取的控制點、線段與路徑，實際
操作看看應該能夠迅速理解。

首先請開啟練習檔案「3-01.glyphs」的字符「C」的編
輯畫面，並切換到「選取工具」。

※ 當進行移動操作後，若想恢復原來的狀態，可點選「編輯＞
還原」（command+Z）取消作業。

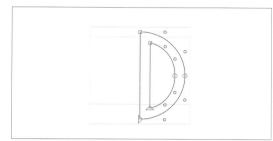

字符「C」的編輯畫面

以拖曳方式移動控制點

● 移動線上控制點

直接以滑鼠拖曳選取中的線上控制
點，就能調整路徑的形狀。

※ 移動線上控制點時，附屬的控制桿（無
論是否有選取）都會一起移動。

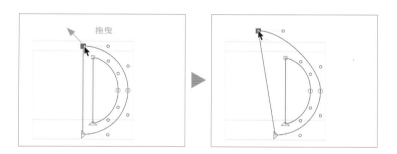

若選取多個線上控制點，可以同時
一起移動。

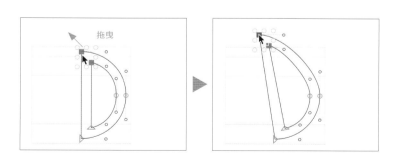

● 移動線外控制點

若拖曳移動線外控制點，則可以調整線段的彎度。

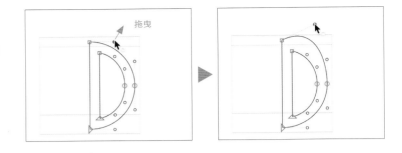

同時選取多個線外控制點，也可以同時一起移動。

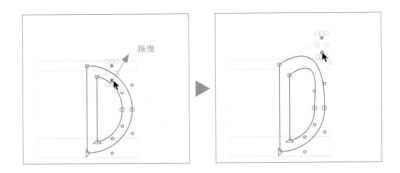

往水平、垂直方向移動線上控制點

按著shift鍵拖曳線上控制點，可限制只能往水平、垂直方向移動。

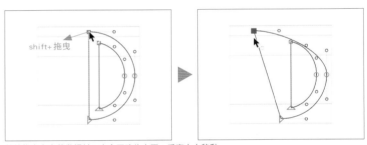

就算拖曳方向稍微傾斜，也會正確往水平、垂直方向移動

將控制桿角度調整為水平或垂直

這裡使用字符「D」。

按著shift鍵拖曳控制桿，可將控制桿的角度限制在水平或垂直方向。

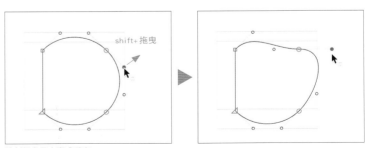

控制桿會是水平或垂直

維持控制桿角度調整長度

按著option鍵拖曳控制桿，可以維持控制桿傾斜角度不變，只調整長度。

※ 按下option鍵開始才會維持角度，所以若希望維持原先的角度，就必須在拖曳開始之前就先按住option鍵。

調整時可以不影響其他線段的形狀

固定兩端控制桿，在中間移動線上控制點

按著option鍵，拖曳線上控制點（必須是平滑控制點），則兩端的控制桿會被固定，線上控制點只能在兩條控制桿之間的線上移動。

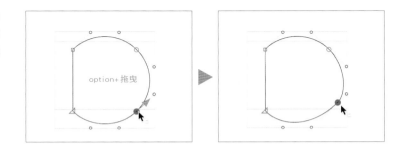

維持兩端控制桿等長

按著control鍵與option鍵拖曳控制桿（必須是平滑控制點），無論是往哪個方向，兩端控制桿都會維持相同長度。

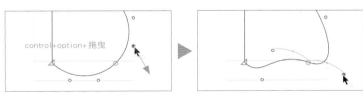

無論拖曳哪個方向，兩端控制桿都會維持等長

拖曳曲線線段調整彎度

用滑鼠按住（按下不放）曲線線段，直接拖曳，也可以直接調整線段的彎度。拖曳過程中，線段上會顯示紅點。

※ 若一開始點擊了曲線線段，則會變成選取線段，就無法調整彎度了。

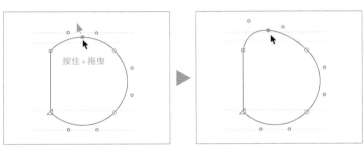

按住滑鼠按鍵直接拖曳

另外，如果在按著option鍵的狀態
下用按住曲線線段拖曳，則可以維
持控制桿的角度調整線段的彎度。

※ option鍵必須在按滑鼠之前就按下，
　　按住曲線以後再按option鍵就不會固
　　定控制桿的角度。

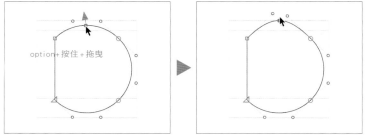

線段的彎度會改變，但控制桿角度不變

移動路徑

在選取整個路徑的狀態進行拖曳，
則可以維持路徑的形狀移動整個路
徑。

※ 按著shift鍵拖曳，可以限制只往水平
　　或垂直方向移動。

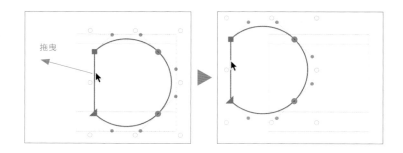

拖曳複製路徑

在選取整個路徑的狀態下，按著
option鍵進行拖曳，則可以將路徑往
移動方向複製一份。

※ 必須在拖曳開始前就先按住option鍵
　　（拖曳開始後按住option鍵，就不會
　　觸發複製）。另外，拖曳開始後，
　　看到路徑已經複製出來，就可以放開
　　option鍵了。

※ 若拖曳中按下shift鍵，可以限制移動
　　方向爲水平或垂直。

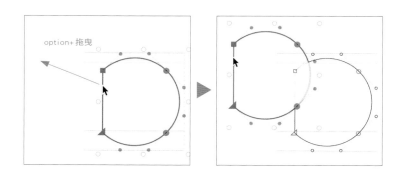

用方向鍵移動控制點、線段或路徑

選取的線上控制點、線外控制點、線段、路徑等，也可以用鍵盤方向鍵往上下左右移動。每按1次方向鍵，就移動1個單位。

Glyphs預設狀態下，全形是1000單位。所以1000分之1是非常小的移動量，若要移動更快速，可以合併組合鍵使用。

按住shift鍵後按方向鍵，則每次移動10單位。

另外，按住command鍵後按方向鍵，則每次移動100單位。

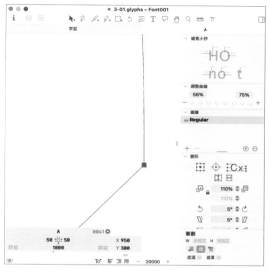

拉非常近看，編輯畫面會顯示出1單位的格子。方向鍵每按1次，就只會移動這1格（拉近拉遠請參考ch3-01）

MEMO **線上控制點的顯示效果**

當線上控制點準確落在與度量線（metrics；上伸部、大寫高度、基線、下伸部等水平線）其中之一上方時，控制點的背面會顯示米色的菱形。方便在拉遠狀態時，也能容易判斷控制點位置是否對齊度量線。

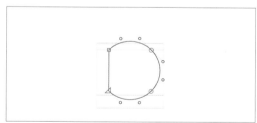

每個控制點都沒有對齊度量線

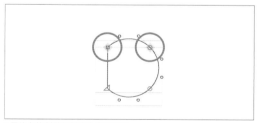

2個線上控制點都對齊大寫高度線

另外，當線上控制點落在對齊區域（p.184）內時，則會以米色圓形顯示而不是菱形。不過只有在控制點選取的狀態下會顯示，不是這麼明顯。

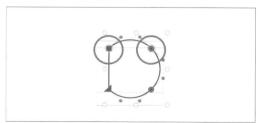

2個線上控制點都在大寫高度的對齊區域內

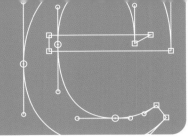

04 變更線段的種類

練習檔案：3-01.glyphs

請打開練習檔案「3-01.glyphs」的「E」字符，並切換
至「選取工具」。

將曲線線段改為直線線段

如同前面所述，曲線線段的彎度，
是由線段兩端的線段兩端延伸出的
兩條控制桿決定的。

選取控制桿（可選取單個或兩個都選取
也可以），按下 delete 鍵將它刪除，
就能將曲線線段改為直線線段。

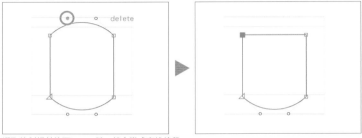

選取控制桿並按下 delete 鍵，就會變成直線線段

將直線線段改為曲線線段

按著 option 鍵，點擊直線線段的上
方，則兩端的線上控制點就會出現
控制桿。

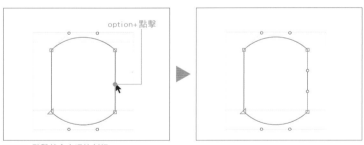

option+ 點擊就會出現控制桿

剛點下去時，控制桿會出現在線段
上方，所以線段看起來還是一條直
線，接著拖曳控制桿，就可以調整
曲線彎度了。

※ 這個狀態下，線上控制點還是角落控
　制點，要改為平滑控制點，則要進行
　ch3-05 的程序。

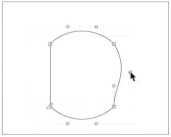

拖曳控制桿可調整彎度

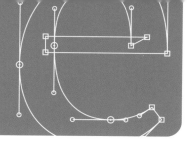

05　切換控制點類型

 練習檔案：3-01.glyphs

請打開練習檔案「3-01.glyphs」的字符「F」，並切換
至「選取工具」。

將平滑控制點改為角落控制點

在平滑控制點（顯示為綠色圓圈的控制
點）上點兩下，控制點就會變成角落
控制點，改以藍色方形顯示。

※ 但若是ch3-10所解說的「起始控制
點」，則會以三角形顯示，請用顏色
來判別。

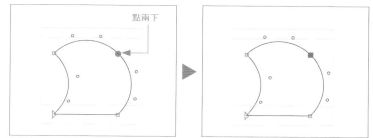

控制點會從綠色圓圈變成藍色方形

試著拖看看控制桿，可以確認已經
變成角落控制點了。

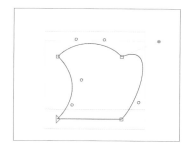

將角落控制點改為平滑控制點

在角落控制點（以藍色方形顯示的控
制點）上點兩下，就會變成平滑控制
點，控制點會以綠色圓圈顯示。

※ 但若是ch3-10所解說的「起始控制
點」，則會以三角形顯示。

試著拖看看控制桿，可以確認已經
變成平滑控制點了。

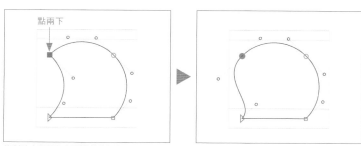

控制點會從藍色方形變成綠色圓圈

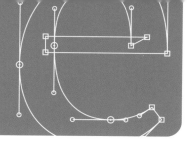

chapter 3

049

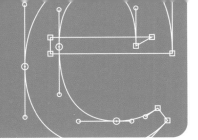

06 控制點的切斷與連接

 練習檔案：3-01.glyphs

請打開練習檔案「3-01.glyphs」的
「G」字符。

這裡要使用「繪圖工具」，請從視
窗上方工具列點選按鈕選取。

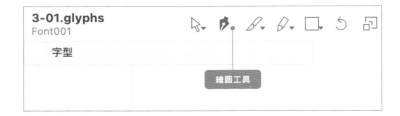

切斷控制點

用繪圖工具點擊線上控制點，則控
制點會被切開。切開後，變成端點
的 2 個線上控制點（這時兩個控制點重
疊在一起）會以藍色短線顯示。

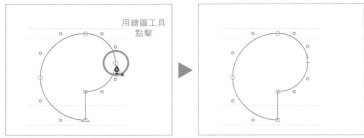

變成端點的 2 個線上控制點會以藍色短線顯示

試著切換到選取工具，拖曳移動看
看線上控制點，可以看到控制點確
實被切開了。

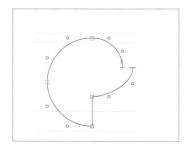

連接控制點接續

用選取工具拖曳端點控制點，重疊到另一個端點控制點上，控制點就會被連接。

※ 當兩個端點控制點的控制桿角度對齊時，會自動變成平滑控制點。

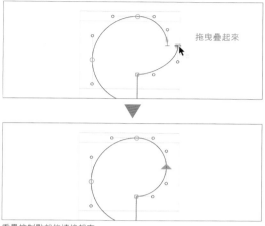

重疊控制點就能連接起來

再看看另一個例子，請開啟練習檔案「3-01.glyphs」的「H」字符。

字符「H」裡有兩條開放的路徑，這時若將其中一條路徑的端點控制點疊到另一條路徑的端點控制點上，就能連接成一條路徑。

※ 在這個例子中，兩個端點控制點的控制桿角度不一致，或是其中一方（或雙方）沒有控制桿時，會連結成角落控制點。

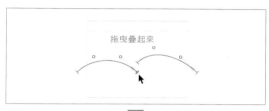

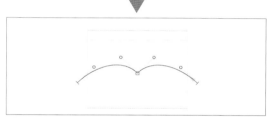

2條路徑會連接成1條路徑

另外，也可以選取兩個端點控制點，點滑鼠右鍵開啟右鍵選單（或按control+點擊左鍵），選取「連接控制點」，則兩個端點控制點會以直線線段連結起來。

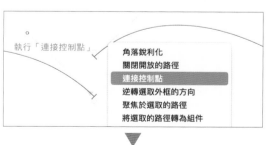

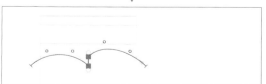

兩端點控制點會以直線線段連結起來

關閉開放的路徑

請開啟練習檔案「3-01.glyphs」的「I」字符。

選取開放路徑的一部分（選取至少1個控制點就可以了）或是整個路徑，在右鍵選單點選「關閉開放的路徑」，兩個端點控制點會以直線線段連結起來。

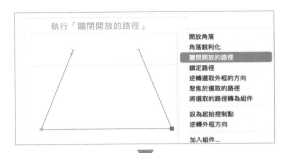

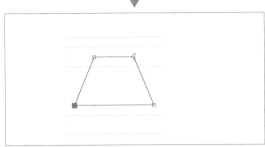

兩端點控制點會以直線線段連結起來並封閉路徑

(MEMO) 封閉路徑與開放路徑

製作字型時，最後必須確保所有的路徑都是封閉路徑（起點與終點連接在一起的路徑）。開放路徑（起點與終點未連接的路徑）會被跳過，無法匯出成字型。

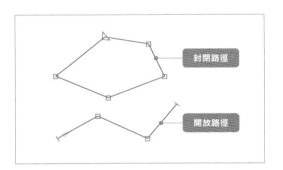

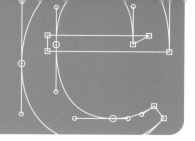

07 路徑的切斷與連結

 練習檔案：3-01.glyphs

切斷路徑

請開啟練習檔案「3-01.glyphs」的
字符「J」。

這裡要使用「小刀工具」，請從視
窗上方的工具列選取到它。

在封閉路徑上，拖曳小刀工具貫穿
整個外框，就可以分割成2個封閉路
徑。

※ 若想要限制以水平或垂直方向切開，
　 則可以按著shift鍵拖曳。

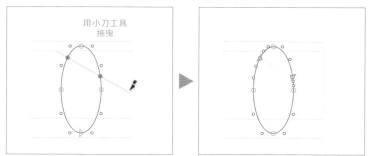

封閉路徑被分割成2個

可以嘗試點兩下選取其中一個路徑
拖曳移動看看，能看到路徑確實被
切開了。

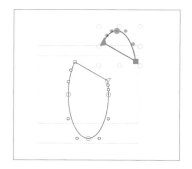

若拖曳只經過1個線段上方時，則只有該處線段會被切斷，變成開放路徑（切過的位置為路徑兩端）。

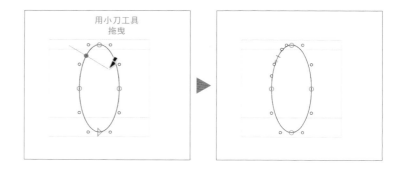

用選取工具拖曳路徑端點移動看看，可確認它已經是開放路徑了。

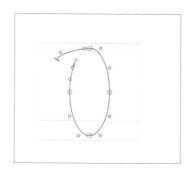

連結路徑

開啟練習檔案「3-01.glyphs」的字符「K」。

用小刀工具，在2個封閉路徑之間拖曳，兩個路徑就會被連結成一條路徑。

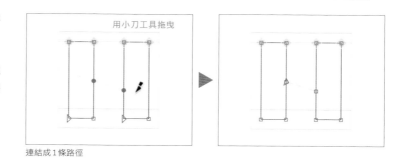

連結成1條路徑

試著移動控制點確認看看。

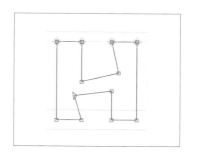

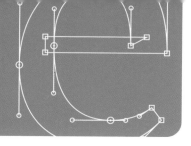

08 控制點的刪除與新增

 練習檔案：3-01.glyphs

刪除控制點

請開啟練習檔案「3-01.glyphs」的
字符「L」。

選取線上控制點並按下delete鍵，
可以保持路徑封閉的狀態刪除控制
點。

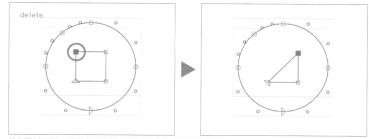

控制點被刪除，路徑仍然保持封閉（不會變成開放路徑）

若刪除的是平滑控制點，Glyphs會
自動調整前後的控制桿，盡可能保
持刪除控制點前的路徑形狀。

這在想要將複雜的曲線修改成平緩
的直線時很方便。

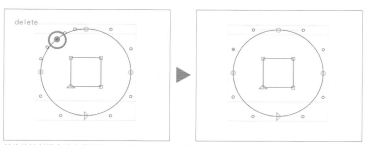

前後的控制桿會被自動調整而盡量保持原來的路徑形狀

也可以使用「橡皮擦」來刪除控制
點。

用橡皮擦點擊控制點，該控制點會
被刪除。

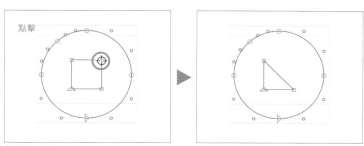

控制點被刪除

chapter 3

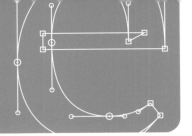

09 極點、反曲點

練習檔案：3-01.glyphs

加上極點

請開啟練習檔案「3-01.glyphs」的
字符「M」。

極點是指控制桿角度完全水平或垂
直的控制點，字符「M」的路徑裡
並沒有任何極點。
字型技術規定外框應該要有極點，
原則上在路徑裡加上極點是製作慣
例。

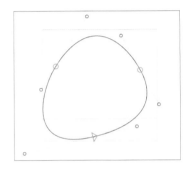

● 自動加入極點

要對所有線段自動加上極點，可執
行「路徑＞加上極點」。

※ 若Glyphs判斷加入極點後會產生過短
　 的線段，則那個位置不會加上極點。

※ 若有控制點位於距離極點相當接近的
　 位置，Glyphs會嘗試維持曲線形狀，
　 將那個控制點移動到極點位置。

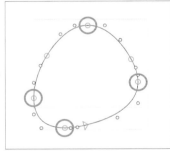

水平、垂直的位置會加上極點

● 手動加入極點

您也可以使用「繪圖工具」，手動
以shift+點擊線段加上極點。

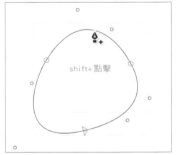

極點會加在水平（或垂直）的位置

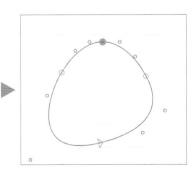

加入反曲點

開啟練習檔案「3-01.glyphs」的字符「N」。

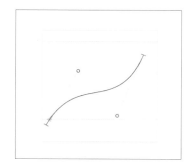

字符「N」的線段呈現S形。Post-Script的規格上,不鼓勵使用S形的線段(雙曲線),最好在中間加入反曲點(作為方向轉換點的線上控制點)將線段切成兩段。

要加入反曲點,可以使用「繪圖工具」,在線段上按shift+點擊即可。

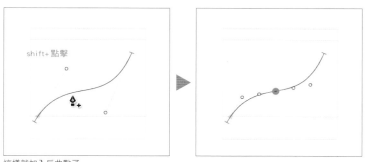

這樣就加入反曲點了

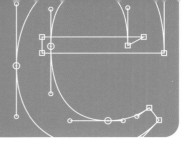

10 路徑方向

 練習檔案：3-01.glyphs

起始控制點與路徑方向

請開啟練習檔案「3-01.glyphs」的字符「0」。

字符「0」裡有兩條路徑（方形與圓形），但按下 space 顯示預覽，只剩下外側的方形，內側的圓形並沒有挖空。原因在於「路徑方向」。

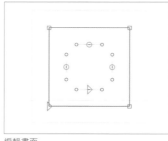

編輯畫面

預覽

每個封閉路徑都有個名為「起始控制點」的三角形線上控制點，三角形的方向則表示路徑的方向。字符「0」這兩條路徑的路徑方向都是逆時針。

製作字型時，要塗黑顯示的外框必須是逆時針方向，而字腔路徑（想要挖空顯示的路徑）則必須以順時針繪製。以字符「0」來說，如果希望內側的圓形路徑挖空，則將它的路徑方向改為順時針就可以了。

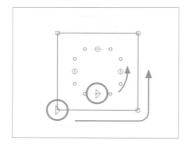

● 逆轉外框方向

要逆轉路徑的方向，可選取要修改的路徑（選取一部分的線段、控制點亦可），執行「路徑 > 逆轉外框」（control+option+command+R）。

※ 在未選取任何東西執行時，會逆轉所有路徑的方向。

※ 執行右鍵選單的「逆轉選取外框的方向」也會得到相同的結果。

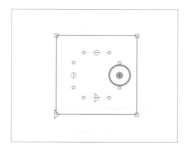

選取要修改的路徑（選取一部分的線段、控制點亦可）後執行

這樣內側路徑的方向應該已經是順時針了。可按下space鍵預覽看看是否已經挖空。

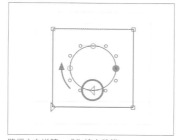

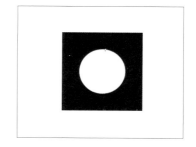

路徑方向逆轉，成為挖空狀態

MEMO 開放路徑的起始控制點

開放路徑（請見練習檔案「3-01.glyphs」的字符「P」）的起始控制點則是以箭頭呈現，箭頭所指的方向就是路徑方向。

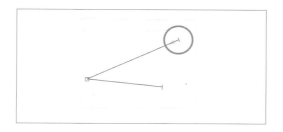

chapter 3

● **自動修正路徑方向**

也可以執行「路徑＞修正路徑方向」自動修正所有路徑的方向（shift+command+R）。

無論是否有選取任何路徑，此功能都會修改所有的路徑。

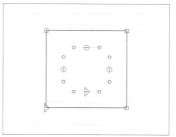

※ 執行「修正路徑方向」後，所有路徑的起始控制點都會重設在最左下的線上控制點。

※ 按下option鍵後，選單項目會變成「在所有主板修正路徑方向」（option+shift+command+R），這個功能則會對目前作業中的字符所有主板都修正路徑方向。

所有路徑都會被調整，不需要特別選取

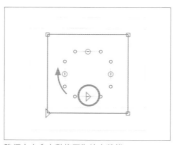

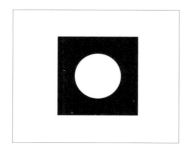

路徑方向會自動修正為挖空狀態

當路徑數量非常多時，「修正路徑方向」有時候無法得到理想的結果。這時就只能用上一頁介紹的「逆轉外框方向」手動個別調整每個路徑的方向。

MEMO 設定起始控制點

想要將任意線上控制點設定為起始控制點，只要在該控制點上開啟右鍵選單，執行「設為起始控制點」即可。

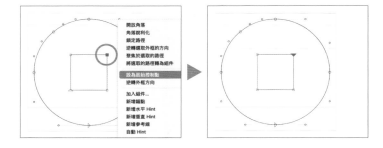

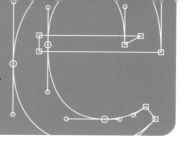

11　以數值設定位置與尺寸

 練習檔案：3-01.glyphs

控制點、路徑的位置（座標）與尺寸，也可以直接使用數值設定。

請開啟練習檔案「3-01.glyphs」的字符「Q」。

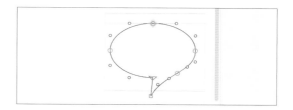

以數值設定控制點的位置

選取控制點後，控制點的座標會顯示在資訊面板的右側。

※ 資訊面板的顯示／隱藏可以在「顯示＞資訊」（shift+command+I）切換。

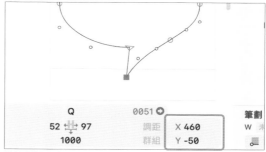
控制點的座標會顯示在資訊面板的右側

若要修改座標值，則要先在想變更的數值上用滑鼠點兩下，變成可以輸入的狀態。例如試著點兩下X欄吧。

※ 只點擊一下的話，游標會閃爍。

點兩下會進入可輸入數值的狀態

在X欄中輸入數值（整數）後，按下return鍵或enter鍵確定，可以看到控制點的位置就改變了。

※ 在X欄輸入數值後，若按下tab鍵，則Y欄會變成可以輸入的狀態。

※ X欄的數值愈大，控制點會往右邊移動；反之愈小則是往左邊移動。而Y欄的數值愈大是往上移動，愈小則是往下移動。

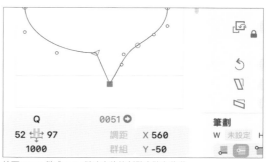
按下return鍵或enter鍵確定後控制點會隨之移動

指定多個控制點的位置與尺寸

選取不只一個控制點（包括選取整條路徑等）時，資訊面板右側的顯示項目會變多。點選X欄、Y欄左方的9個點設定基準點後，X欄、Y欄會出現該基準點對應的座標值。

※ 選取多個控制點時，面板右端會顯示該字符所有控制點的數量（□）與目前選取的控制點數量（■）。

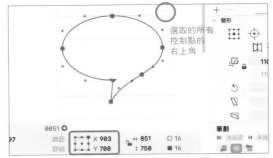

將基準點設定在右上角時，會顯示出上圖 ○ 處的座標

修改X欄、Y欄的數值，可以一口氣調整選取的所有控制點的位置。

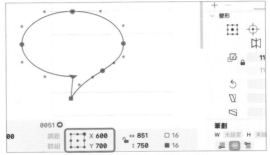

將X欄的數值調小，則選取的控制點會一起向左方移動

寬度與高度也可以直接使用數值設定。若想維持長寬比修改尺寸，要將鎖頭符號保持在鎖定狀態（🔒）後，在 ↔（寬度）欄或 ↕（高度）欄輸入數值。

※ 鎖定／鎖定解除可以直接點擊鎖頭符號切換。

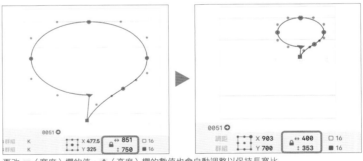

更改 ↔（寬度）欄的值，↕（高度）欄的數值也會自動調整以保持長寬比

若要個別調整寬度與高度，則可解除鎖定狀態（🔓），分別在 ↔（寬度）或 ↕（高度）欄位輸入數值。

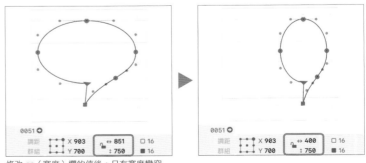

修改 ↔（寬度）欄的值後，只有寬度變窄

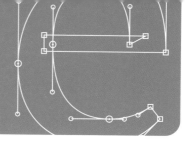

12 複製、貼上

 練習檔案：3-01.glyphs

開啟練習檔案「3-01.glyphs」的字符「R」。

複製

選取路徑，點選「編輯＞複製」
（command+C），路徑就會被複製。

※ 雖然使用機會不多，選取線段、控制
　點後執行，也可以複製線段或控制
　點。

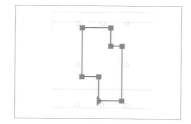

貼上

執行「編輯＞貼上」（command+V），
路徑會被貼在原來相同的位置（上
層）。因為完全重合，乍看之下看不
出來。

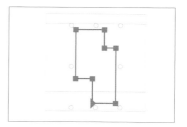

可以移動上層的路徑，可看到確實
有貼上一份新的路徑。

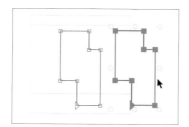

也可以從控制點數量增加看出貼上
有正確執行。

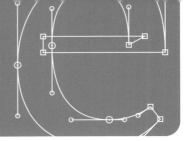

13 繪製新路徑

 練習檔案：3-01.glyphs

到這裡終於要來繪製新路徑了。請開啟練習檔案「3-01. glyphs」的字符「S」（這個字符裡沒有任何路徑）。

繪製路徑會用到「繪圖工具」、「徒手畫筆工具」、「矩形工具」與「畫圓形工具」。下面將依序介紹。

※「像素工具」是用來製作點陣字的工具，由於不是用來繪製路徑，在這裡不說明。

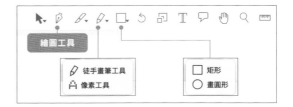

繪圖工具

● 繪製直線線段

繪圖工具可以繪製自由形狀的路徑。首先來試著以直線線段畫出多邊形吧。

使用繪圖工具在畫面上點擊，就會依序產生出控制點，連成一條路徑。

控制點會依序加在點擊的位置

最後點在最開始的線上控制點上，就可以封閉路徑。

路徑封閉後，起始控制點會以三角形顯示

另外，若按著**shift**鍵一邊點擊，新的控制點就會加入在與前一個控制點水平或垂直對齊的位置。

shift+點擊的控制點準確放在水平或垂直對齊的位置

● 繪製曲線線段

接著要說明怎麼繪製曲線線段。

※ 若覺得這個作業很難，不需要逼自己學會。Glyphs可以輕鬆將直線線段轉換成曲線線段，以及切換角落控制點成平滑控制點，只要能用直線線段畫出多邊形就夠了。

要加入帶有控制桿的線上控制點，可以在加入控制點時，按住滑鼠按鍵不放，直接往路徑前進方向拖曳。

按住滑鼠按鍵往進行方向拖曳，可拉出控制桿

在加入線上節點（拉出控制桿時）時，若按著option鍵拖曳，則控制桿可以轉向成為角落控制點。

控制桿轉向成為角落控制點

在加入線上節點（拉出控制桿時）時，若按著space鍵拖曳，則可以移動目前正在加入中的控制點（線上控制點與其附屬的控制桿）。

可以移動目前加入的控制點

拖曳中若按下shift鍵，可限制控制桿角度為水平或垂直。

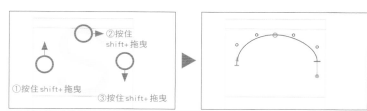

shift鍵可以限制控制桿為水平或垂直

Glyphs 會避免線段只有單側有控制桿的狀況，自動配合
需要新增或刪除控制桿。這是為了製作出符合 PostScript
規則的路徑。

即使上一個控制點沒有控制桿，若
新的控制點拉出控制桿時，上一個
控制點會自動長出控制桿。

上一個控制點也產生控制桿，成為曲線線段

相反地，即使上一個控制點有控制
桿，但接下來直接點擊，加入沒有
控制桿的控制點，則前方的控制桿
會自動捨棄。

上一個控制點的控制桿會自動捨棄，變成直線線段

徒手畫筆工具

徒手畫筆工具可以用滑鼠拖曳的方
式直接徒手畫出路徑。

※ 由於會產生出大量控制點，通常接下
　來需要大量的修正作業。

※ 徒手畫筆工具所製作的路徑都是開放
　路徑，需要另外關閉路徑（參考 ch3-
　06）。

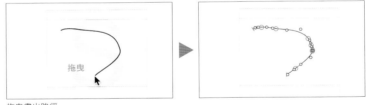

拖曳畫出路徑

多邊形工具（矩形工具、畫圓形工具）

使用多邊形工具繪製路徑有兩種方式。

● 以拖曳方式繪製

在畫面上往斜向拖曳，就可以畫出
圖形。

可直接拖曳畫出長方形或橢圓形

按著shiht鍵拖曳，可以畫出寬高相
同的圖形（即正方形、圓形）。

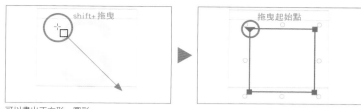

可以畫出正方形、圓形

按著option鍵拖曳，則拖曳起始點
處會是圖形的中心點。

※ shiht鍵與option鍵可以組合併用。

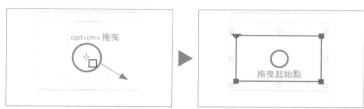

拖曳起始點處是圖形的中心點

● **以對話方塊建立**

選取多邊形工具後，直接點擊畫面
上，會出現對話方塊。輸入尺寸
後並按下「好」，就能加入圖形外
框。這種方式，點擊的位置會在圖
形的左下角。

一開起點擊的位置是圖形的左下角

MEMO 繪製路徑的注意點

● **處理銳角的角落控制點**

向右圖Ⓐ這樣呈現極度銳角的角落控制點，在顯示與
匯出時，都很容易發生渲染（rendering）錯誤。為了
避免這個問題，通常會選擇像Ⓑ這樣製作成切角，或
是像Ⓒ這樣收成圓角。

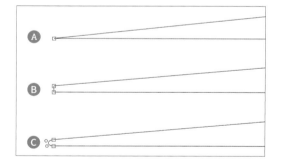

● **使用Illustrator繪製的注意點**

Glyphs可以使用Illustrator所繪製的路徑。但有些路
徑即使在Illustrator可以正確顯示、匯出，卻不適合字
型的製作（例如只有單側有控制桿的曲線線段）。

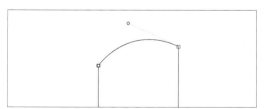

以Illustrator所繪製之曲線線段的例子。只有單側有控制桿的曲
線，不太符合PostScript的規則

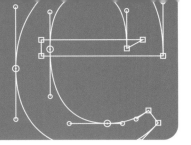

14 旋轉與縮放

 練習檔案：3-01.glyphs

開啟練習檔案「3-01.glyphs」的字符「T」。

這裡要介紹「旋轉工具」與「放大縮小工具」的使用方
式。這些工具雖然操作很直覺，但並不適合用來精確控
制旋轉角度與縮放率。

※ 若要精確控制旋轉角度、縮放率，則應該使用「路徑＞變
形」（ch3-16）或「控制盤側欄」（ch3-15）進行操作。

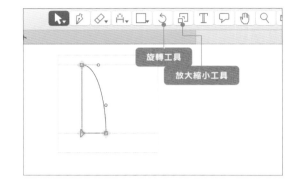

旋轉工具

首先先在畫面中點擊一次，設定旋
轉的中心軸。接著按住滑鼠按鍵
拖曳，就能自由旋轉選取的路徑角
度。

※ 中心軸與游標位置之間會以紅線連結
顯示。

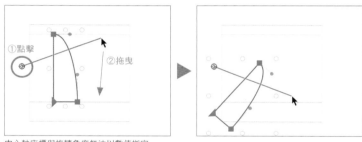

中心軸座標與旋轉角度無法以數值指定

按著shift鍵旋轉，紅線的角度會限
制在水平或垂直方向。

※ 但這並不是指從原來的狀態轉90度，
實際上沒什麼意義。

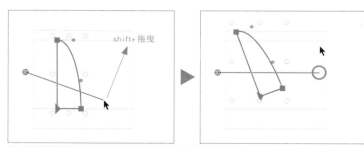

中心軸與游標位置之間連結的紅線會固定在水平或垂直方向

放大縮小工具

在畫面內點擊一下，設定縮放的基準點，接著在畫面上拖曳，就可以自由縮放路徑。

※ 中心軸與游標位置之間會以紅線連結顯示。

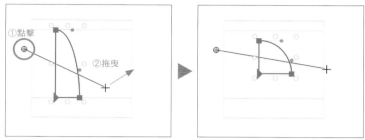

中心軸座標與縮放率無法以數值指定

按著shift鍵拖曳，則拖曳方向（紅線尖端的移動方向）會限制在水平、垂直或45度方向。

※ 請注意這並不是指維持長寬比。

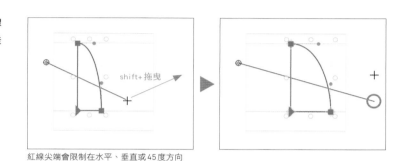

紅線尖端會限制在水平、垂直或45度方向

15 使用控制盤側欄變形路徑

練習檔案：3-01.glyphs

接著開啟練習檔案「3-01.glyphs」的字符「T」。

控制盤側欄（palette sidebar）是指編輯畫面右側的灰色區域。可點選編輯畫面右上角的 □□（顯示側欄）按鈕切換顯示或隱藏。

而控制盤側欄的最下面，有提供鏡射、縮放、旋轉等變形功能。

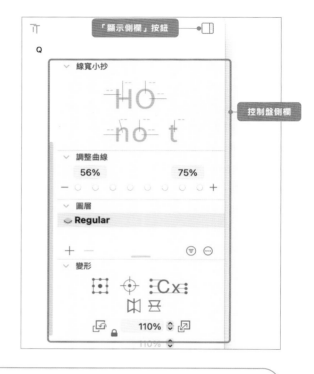

設定變形基準點

使用多數的變形功能（除了對齊路徑、路徑邏輯處理）之前，都需要在右圖所示的區域中，先選取基準點。

● 選取路徑之相對位置

從9個點裡選擇，要以選取的路徑的哪個位置（上下左右或中間）作為基準點。

● 任意座標

也可以將編輯畫面內任意的位置作為基準點。必須使用「旋轉工具」或「放大縮小工具」點擊編輯畫面內設定基準點。

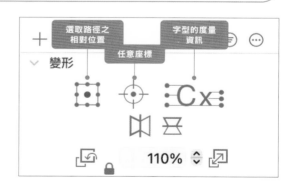

● 字型的度量資訊

歐文字符可以使用基線、x字高、大寫高度作為基準點（右上圖）。而中日文字符則以字符的中心為基準點（右圖）。

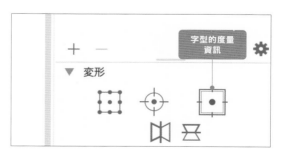

鏡射

以基準點為軸心，將路徑上下鏡射
或左右鏡射。

※ 沒有選取任何路徑時，所有路徑都會
被鏡射。

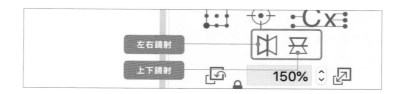

例如，將路徑的左下角設為基準
點，左右鏡射後結果如右圖所示。

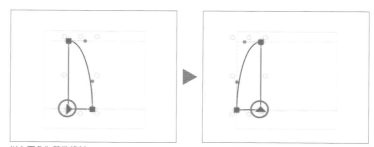

以左下角為基準鏡射

縮放

放大、縮小路徑。

※ 沒有選取任何路徑時，會縮放所有路
徑。

※ 當數值欄的鎖頭設為鎖定狀態（ 🔒 ）
時，寬度與高度的值會保持相同。若
要個別指定，則要點選鎖頭解除鎖定
狀態（ 🔓 ）。

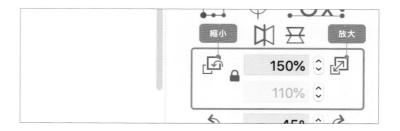

● 放大按鈕

設定「150%」，按下「放大」按
鈕，執行100%→150%的尺寸變
更。

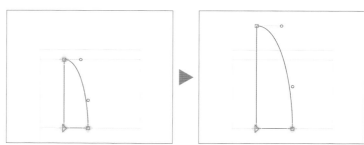

執行100%→150%的尺寸變更

設定「50%」，按下「放大」按
鈕，則會執行100%→50%的尺寸變
更，縮為原來的一半。雖然按鈕名
為「放大」，但實際使用時並不一
定用在放大用途，將它看作是可**配
合自己的需要輸入縮放率的按鈕即
可**。

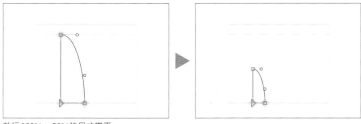

執行100%→50%的尺寸變更

● **縮小按鈕**
設定「150%」，按下「縮小」按
鈕，則會執行150%→100%的縮
放，大約是原先尺寸的約66.7%。
與其說是縮小，其實應該看做是**放
大的相反行為**。

執行150%→100%的尺寸變更

例如，輸入「50%」按下「縮小」
按鈕，會執行50%→100%的縮放，
會變成原先尺寸的2倍大小。

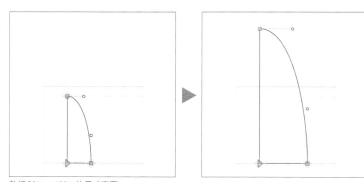

執行50%→100%的尺寸變更

旋轉

以基準點為軸心，旋轉路徑。
※ 沒有選取任何路徑時，會旋轉所有路
徑。

例如，將路徑的左下角設為基準
點，向左轉45度的結果如右圖所
示。

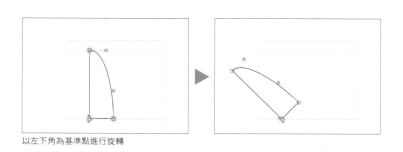

以左下角為基準點進行旋轉

傾斜

傾斜路徑。

※ 沒有選取任何路徑時，會傾斜所有路徑。

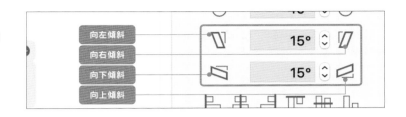

例如，將路徑的左下角設為基準點，向右傾斜15度的結果如右圖所示。

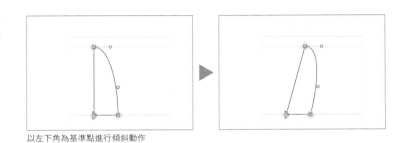

以左下角為基準點進行傾斜動作

對齊

這裡請使用練習檔案「3-01.glyphs」的字符「U」。

對齊功能可以將選取的路徑、組件（ch3-23），依其相對位置（與基準點無關）對齊排列。只選取一部分控制點時，則是對齊控制點。

※ 要對齊控制點，使用「路徑＞對齊選取處」（ch3-16）會比較方便，這個功能是依照基準點對齊排列。

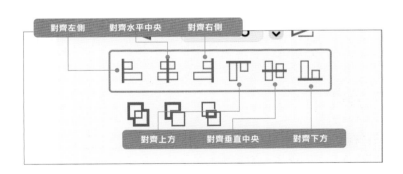

例如選取3個路徑，執行「對齊垂直中央」的結果如右圖所示。

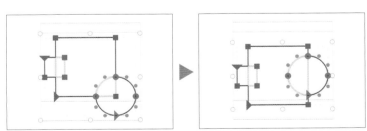

3個路徑會對齊對齊垂直中央位置

邏輯處理

邏輯處理有「合併重疊的外框」、
「減去選取或上層的路徑」、「留下
選取或與上層路徑的交集」3種。

● 合併重疊的外框

將路徑合併在一起。

※ 沒有選取任何路徑時，會合併所有路
　徑。

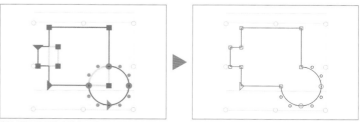

選取的路徑會被合併在一起

MEMO 從選單執行合併重疊的外框

也可以從選單的「路徑 > 合併重疊的外框」（ shift+
command+O ）操作。

● 減去選取或
上層的路徑

對其他所有路徑，減去目前選取的
路徑。

※ 沒有選取任何路徑時，則會減去最上
　層的路徑。

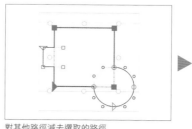
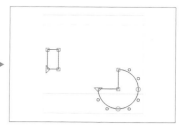

對其他路徑減去選取的路徑

● 留下選取或與
上層路徑的交集

只留下選取的路徑中，與其他路徑
的交集部分（重疊的部分）。

※ 沒有選取任何路徑時，則會留下最上
　層路徑與其他路徑的交集。

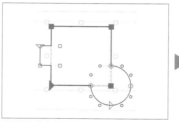
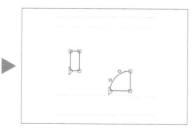

留下選取的路徑跟其他路徑重疊的部分

MEMO **同時處理多個字符**

在字型畫面選取一個或多個字符,也可以執行控制盤側欄這裡介紹的變形功能,同時會執行選取中的所有字符。當然,也可以點選「編輯 > 全選」(command+A)後,一口氣執行所有字符。

右圖是在字型畫面選取3個字符,一起執行放大150%的結果。

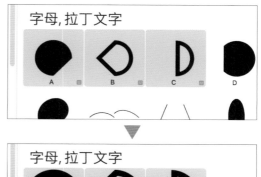

選取的字符都放大150%了

「字符」選單、「路徑」選單、「遮罩」選單裡很多功能,都支援在字型畫面選取多個字符一口氣執行。但是有些功能其實不太容易直接在字型畫面確認執行後的狀態,建議配合情況在編輯畫面謹慎使用為佳。

筆畫

「筆畫」功能可以將選取的路徑轉為筆畫使用（也就是加上筆寬）。

※ chapter3-17「計算曲線偏移」也可做到類似的效果，可選擇自己順手的方式。

在這裡使用練習檔案「3-01.glyphs」的字符「V」。

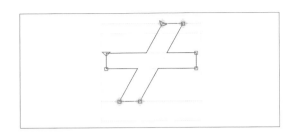

選取路徑，在「W」欄裡輸入數值，路徑就會變成筆畫。例如輸入「80」時，就是筆畫寬度80單位的狀態。

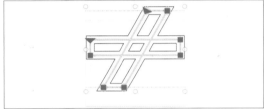

筆畫寬度為「W」值的狀態

預覽

3個按鈕可以設定筆畫的位置。左側按鈕可設定筆畫在路徑左側（內側），中間按鈕則是路徑兩端、右側按鈕則是將筆畫放在路徑右側（外側）。

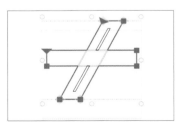

左側按鈕→筆畫在路徑左側

中間按鈕→筆畫在路徑兩側

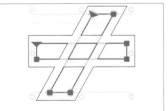

右側按鈕→筆畫在路徑右側

「W」欄、「H」欄若輸入不同數值，可以讓縱橫方向有不同筆畫寬度。

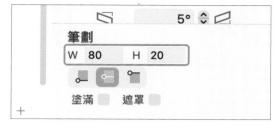

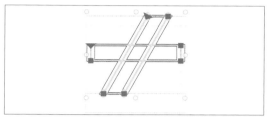

縱橫方向筆畫寬度不同的狀態

預覽

勾選「塗滿」，則內側會全部塗滿（限封閉路徑）。

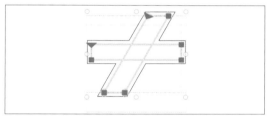

塗滿的狀態

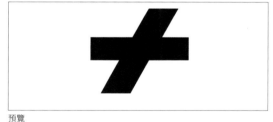

預覽

「筆畫」功能，可以保留原來路徑（控制點與線段）的狀態，讓它擁有線寬。但若作業上有需要將筆畫轉換成路徑時，可以在路徑上點選右鍵選單（或control+點擊），點選「擴展外框」。

※ 不用執行這個動作，匯出成字型時也會自動將筆畫轉換成外框。

從右鍵選單點選「擴展外框」

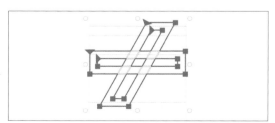

筆畫轉換成路徑

「筆畫」也可以用在開放路徑上。請在練習檔案「3-01.
glyphs」的字符「W」試試看。

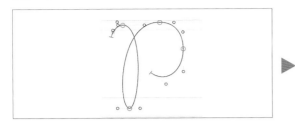

開放路徑也偏移成封閉路徑

對於開放路徑，還可以使用下方5個「筆畫造形」按鈕。
按鈕從左開始分別是「平頭」、「方頭」、「圓頭」、
「內圓頭」、「切齊縱軸或橫軸」。分別如下圖般的形
狀。

※「切齊縱軸或橫軸」是將線的兩端以垂直或水平方向切開的
　形狀。

「平頭」

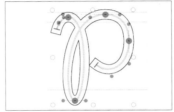

「方頭」

「圓頭」

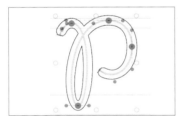

「內圓頭」

「切齊縱軸或橫軸」

078

遮罩

選取路徑，勾選「遮罩」，則這個路徑會用來挖空下層
其他路徑。

在這裡使用練習檔案「3-01.glyphs」的字符「U」。

※ 其他路徑會保留原來的狀態，也可以正常編輯。看不到的路
　徑部分是在匯出字型檔時才會刪除。

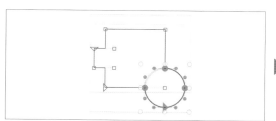
選取路徑並勾選「遮罩」

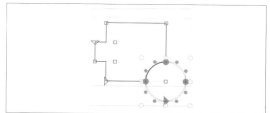
下層的路徑雖然會挖空，仍會保持原來的路徑

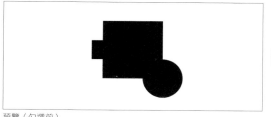
預覽（勾選前）

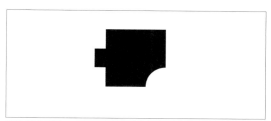
預覽（勾選後）

以這個字符來說，若選取的是中間的大正方形路徑，勾
選「遮罩」，其他路徑也不會被挖空。這是因為中央這
個大正方形路徑是在最下層。

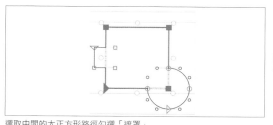
選取中間的大正方形路徑勾選「遮罩」

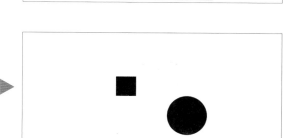

預覽（勾選前）

預覽（勾選後）

chapter 3

079

要調整路徑的重疊順序，可以點選「濾鏡＞路徑/組件順序」開始視窗。

視窗裡會顯示所有路徑。視窗最上面顯示的是最下層的路徑，愈往下就是愈上層的路徑。

若要調整中間的大正方形路徑的重疊順序到最上層，就把它拖到視窗最下方調整順序後，再按下「Reorder」就可以了。

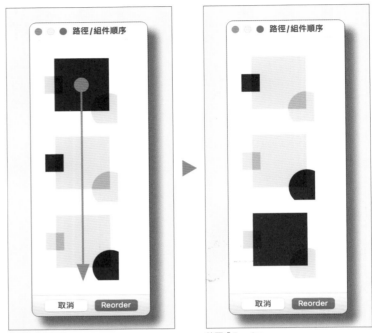

拖到視窗最下方

按下「Reorder」

這樣套用「遮罩」，就會是下層兩個路徑被挖掉的狀態。

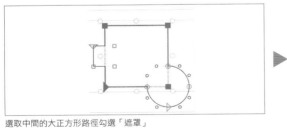

選取中間的大正方形路徑勾選「遮罩」

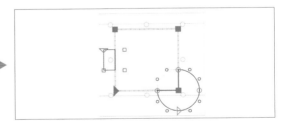

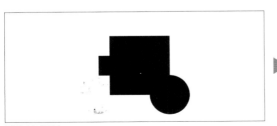

預覽（勾選前）

預覽（勾選後）

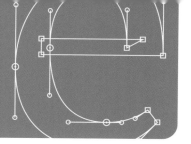

16 以「路徑」選單 進行變形

 練習檔案：3-01.glyph

「路徑」選單裡也有提供路徑變形的相關功能，而且比控制盤側欄的變形彈性更高更好用。

| 檔案 編輯 字符 | 路徑 | 濾鏡 顯示 腳本 視窗 說明 |

逆轉外框　　　　　　⌃⌥⌘R
修正路徑方向　　　　⇧⌘R
座標位置取整數
清理路徑　　　　　　⇧⌘T
加上極點
合併重疊的外框　　　⇧⌘O
變形
對齊選取處　　　　　⇧⌘A

chapter 3

變形

點選「變形」開啟對話方塊後，就可以執行「移動」、「比例（縮放）」、「傾斜」等動作，而且這些所有項目還可以同時設定、執行。

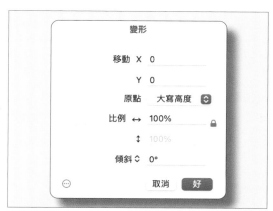

可以同時設定、執行「移動」、「比例（縮放）」、「傾斜」動作

在編輯畫面執行「路徑＞變形」時，目前選取的所有路徑、控制點都是變形的標的。若沒有選取任何東西時，則編輯畫面內所有路徑都是變形標的。
也可以在字型畫面選取字符執行「路徑＞變形」。

那麼就實際操作看看吧。在這裡請開啟練習檔案「3-01.glyphs」字符「U」的編輯畫面。

● 移動

「移動」的部分可以在「X」欄、「Y」欄設定移動量
（單位數）。若在「X」欄輸入正值，則會往右邊移動；
負值則往左方移動。「Y」欄正值往上，負值往下移動。

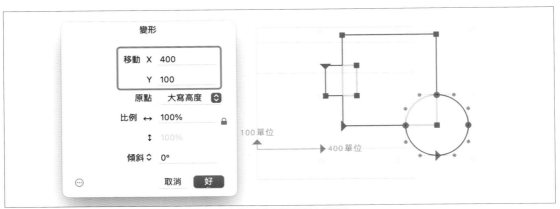

在各欄輸入數值後，編輯畫面就會顯示為執行後的狀態。 執行前原來的路徑則以淡灰色顯示

● 設定基準點

「比例（縮放）」與「傾斜」需要設定「基準點」。「基
準點」下拉選單裡有「大寫高度」、「1/2 大寫高度」、
「x字高」、「1/2 x字高」、「基線」等選項，選擇其
中一個作為圖案基準點。

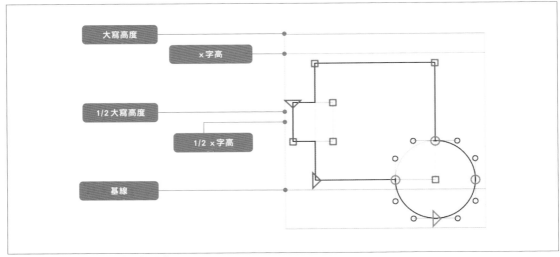

無論選哪個項目，水平方向的基準點都是「X=0」

● 水平方向縮放

若只要對水平方向進行縮放,可在解除對話方塊右側鎖頭的鎖定狀態(🔒)後,在 ↔ 欄輸入縮放率,並在 ↕ 欄輸入「100%」。

進行水平方向縮放時,不只路徑會變形,字符寬度也會**依照同樣比例跟著縮放**。

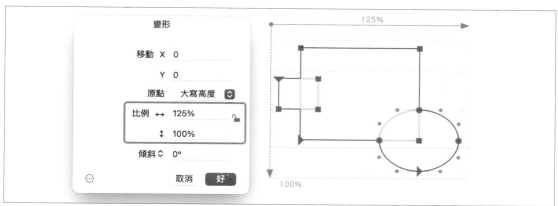

水平方向縮放時,字符寬度也會依相同比例縮放

● 垂直方向縮放

若只要對垂直方向進行縮放,可在解除對話方塊右側鎖頭的鎖定狀態🔓)後,在 ↕ 欄輸入縮放率,並在 ↔ 欄輸入「100%」。

垂直方向縮放不會影響字符寬度。

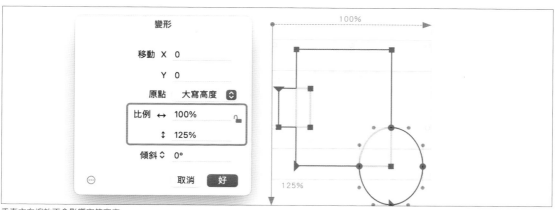

垂直方向縮放不會影響字符寬度

當然,水平方向與垂直方向可以同時縮放。

● 維持長寬比進行縮放

要維持長寬比進行縮放,可將對話方塊右側鎖頭設為鎖
定狀態(🔒)後,在 ↔ 欄輸入縮放率。

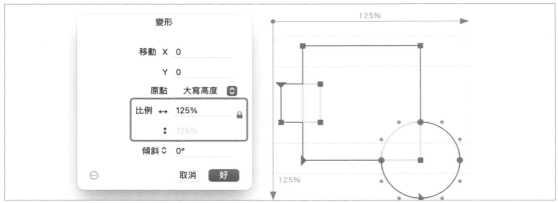

字符寬度會依相同比例縮放

● 傾斜

在「傾斜」欄輸入正值可往右方,負值可往左方向傾
斜。可輸入的值在 -40 度～40 度之間。

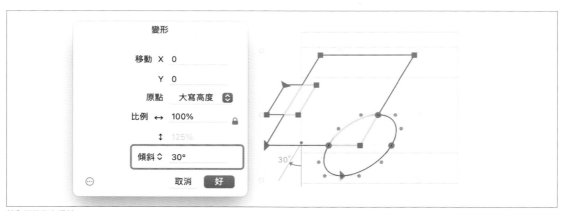

輸入正值往右傾斜

※ 用滑鼠點選「傾斜」項目名稱,可以切換成「傾斜(視覺校
　正)」項目。在「傾斜(視覺校正)」模式下,對斜線進行
　傾斜處理時,還會自動修正線寬(讓線看起來不會偏粗或偏
　細)。但事前還要進行複雜的設定,本書省略相關說明。

對齊選取處

「對齊選取處」功能可用來將選取的控制點座標往橫向
或縱向對齊。

※ 會從橫向、縱向之間，選擇座標差距較小的方向對齊。

請開啟練習檔案「3-01.glyphs」字符「X」。

執行「對齊選取處」前，應事先在控制盤側欄設定好變
形基準點。即使選取相同幾個控制點，執行後的控制點
座標也會因為基準點設定而不同。

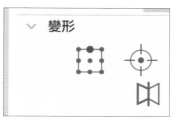 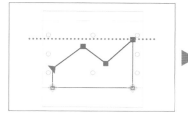 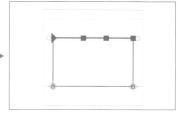

當基準點在上方時，會對齊選取的控制點中最上方的控制點

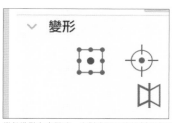 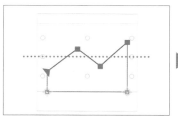 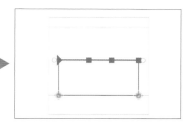

當基準點在中間時，會對齊選取的控制點中最上方與最下方控制點的中間

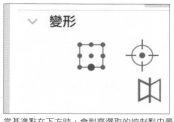 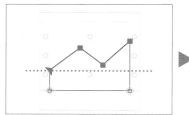 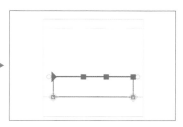

當基準點在下方時，會對齊選取的控制點中最下方的控制點

當選取控制點與錨點或控制點與組件時，執行「對齊選
取處」，也可以調整位置，在此省略說明。

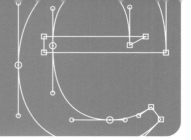

17 以「濾鏡」選單進行路徑變形

 練習檔案：3-01.glyphs

「濾鏡」選單裡也提供多種路徑變形功能。

※ 這裡每個選項也都支援從字型畫面選取的字符操作。

※ 從編輯畫面執行時，若沒有選取任何東西，就是對編輯畫面裡所有路徑操作（「圓角工具」除外）。

※ 若在編輯畫面中只選取部分路徑時，有些作業可只針對選取部分的路徑處理，有些作業仍然會對所有路徑處理。關於這點將在各選單項目中各自說明。

※ 「自動圓體工具」需要在事前進行較複雜的設定，本書將省略說明。

在這裡使用練習檔案「3-01.glyphs」的字符「V」。

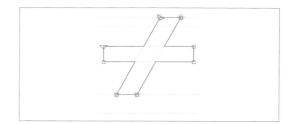

拉凸效果

「拉凸效果」可用來製作立體般陰影的路徑。

※ 在編輯畫面中，無論有沒有選取路徑，都對所有路徑進行處理。

「偏移量」欄位輸入陰影長度，「角度」欄位輸入陰影的角度（方向）。

若不勾選「Don't Subtract」，只會留下前方陰影部分。

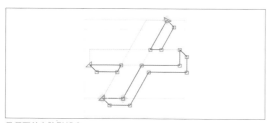

只留下前方陰影部分

預覽

若勾選「Don't Subtract」，則後方陰影部分也會顯示出來。

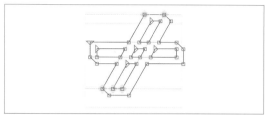
後方陰影部分也產生出來

線條填滿外框

線條填滿外框

「線條填滿外框」用來製作大量平行線的路徑。

※ 在編輯畫面中，無論有沒有選取路徑，都對所有路徑進行處理。

在「起點」填入平行線樣式的起始座標，「線條距離」填入平行線與下一條平行線之間的距離，「角度」填入平行線的角度。

若不勾選「產生平移線寬」，則會生成開放路徑的平行線。

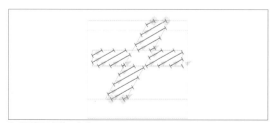
生成開放路徑的平行線

預覽

若勾選「產生平移線寬」，則會生成封閉路徑的平行線。後面的數值欄位可輸入平行線的線寬。

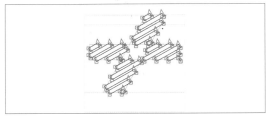

生成封閉路徑的平行線

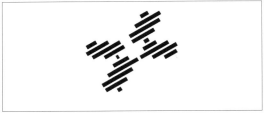

預覽

計算曲線偏移

「計算曲線偏移」可將路徑向外側或內側移動（偏移）。

※ 若在編輯畫面有選取路徑，則此功能只會對選取的路徑進行處理。

在「水平方向」、「垂直方向」欄位設定各自的移動量，也可以是負值。

※ 若要讓「水平方向」、「垂直方向」的值保持一致，可點選鎖頭符號將之設定為鎖定狀態（🔒），想要各自指定數值時則解除鎖定狀態（🔓）。

若沒有勾選「建立為筆畫」，則路徑只是單純往內、外側偏移。

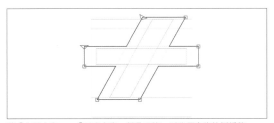

若「水平方向」、「垂直方向」都是正值，則路徑會往外側偏移

預覽

若勾選「建立為筆畫」，則會在原路徑的兩側（內、外側）都產生出偏移路徑。另外，「位置」欄位的值可以指定外側、內側的比率。預設「50%」代表外側（路徑方向右側）與內側（路徑方向左側）均等，指定為「0%」表示只有外側偏移，「100%」則只有內側偏移。

※ 此功能與chapter3-15所介紹的控制盤側欄的「筆畫」功能不同，不會保留原來的路徑。

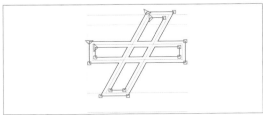

「位置」值為「50%」時，內、外側均等偏移

預覽

根據設定值不同，有時候會自動加上原路徑沒有的控制點，甚至有路徑變形的情況。這時可勾選「保持相容性」，確保偏移後的路徑與偏移之間控制點數量完全一致，確保相容性。

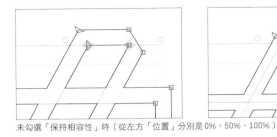
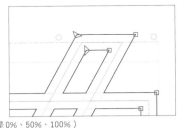
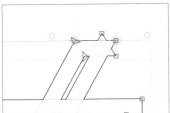

未勾選「保持相容性」時（從左方「位置」分別是0%、50%、100%）

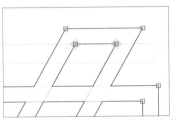
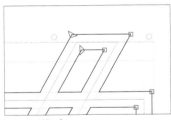
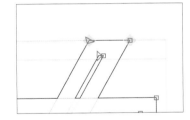

勾選「保持相容性」時（從左方「位置」分別是0%、50%、100%）

「計算曲線偏移」可以對開放路徑使用。
請開啟練習檔案「3-01.glyphs」的字符「Z」試試看。

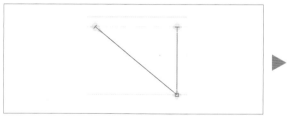 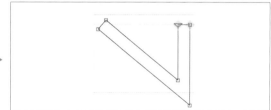

開放路徑執行計算曲線偏移後，變成封閉路徑

若對開放路徑使用「計算曲線偏移」功能，則「線頭造形」按鈕也可以選擇。按鈕從左到右分別是「平頭」、「方頭」、「圓頭」、「內圓頭」、「切齊縱軸或橫軸」。分別如下圖般的形狀。

※ 「切齊縱軸或橫軸」是將線的兩端以垂直或水平方向切開的形狀。

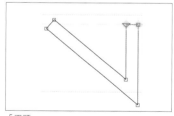

「平頭」

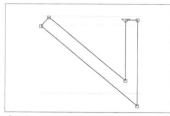

「方頭」

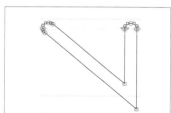

「圓頭」

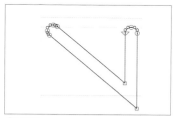

「內圓頭」

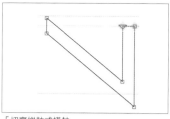

「切齊縱軸或橫軸」

若勾選「自動視覺修正」，在賦予線寬之後，還會自動調整路徑，讓偏移後的路徑限縮在原來的上下範圍之間。這個功能在以相同路徑製作不同字重的字型時很方便。

※ 但可能因為開放路徑的形狀或設定，產生出不理想的路徑。

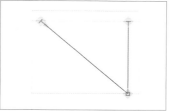  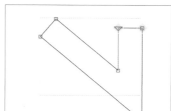

未勾選「自動視覺修正」時，產生明顯的上下高度差

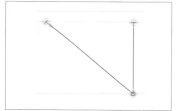 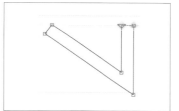 

勾選「自動視覺修正」時，上下高度會限縮在原來範圍

邊緣粗糙化

「邊緣粗糙化」可將線段切碎，並隨機彎折成粗糙的形狀。

※ 若在編輯畫面有選取路徑，則此功能只會對選取的路徑進行處理。

「粗糙顆粒長度」欄位指定分割後的線段長度，並在「水平方向」與「垂直方向」分別指定最大抖動幅度。

※ 下圖使用練習檔案「3-01.glyphs」的字符「V」。

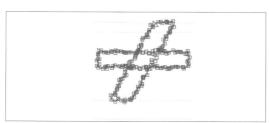

線段會被分割並隨機彎折

預覽

圓角工具

「圓角工具」可將角落轉為圓角。

※ 若在編輯畫面沒有選取任何東西時，只有外側的角會是處理
　 對象。

※ 若在編輯畫面有選取一或多個線上控制點（角），則會對選
　 取的控制點進行處理。

在「半徑」欄位指定圓角的半徑，若沒有勾選「視覺修
正」，會加上機械性的半徑；若勾選「視覺修正」，會隨
著銳角還是鈍角適當調整圓度。

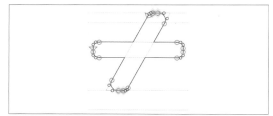

未勾選「視覺修正」

預覽

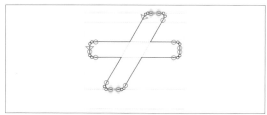

勾選「視覺修正」

預覽

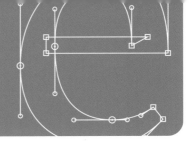

18 開放角落／重新連接控制點

練習檔案：3-01.glyphs

「開放角落」與「重新連接控制點」是可以在移動控制
點時能夠不影響線段形狀的便利功能。
在這裡使用練習檔案「3-01.glyphs」的字符「a」。

開放角落

例如這個字符中，若想要調整直線線段的角度而嘗試去
移動角落的控制點，無論如何也會影響到旁邊曲線線段
的形狀。

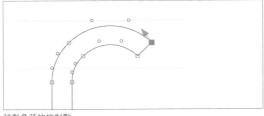

移動角落的控制點

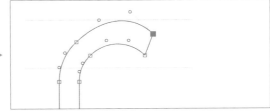

旁邊曲線線段的形狀會跟著歪掉

在控制點上點右鍵（或control+點擊）開啟右鍵選單，執行
「開放角落」，則原來的角落控制點會展開成兩個控制
點。

※ 雖然看起來從原來的控制點長出來一個三角形，不過這個三
　角形不會輸出到字型檔案，預覽時也不會顯示。

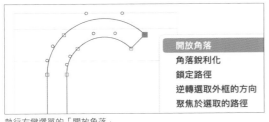

執行右鍵選單的「開放角落」

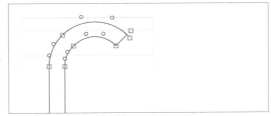

角落控制點被展開成2個控制點

chapter 3

在這個狀態下，即使修改直線線段的角度，也不會影響
到曲線線段的形狀。

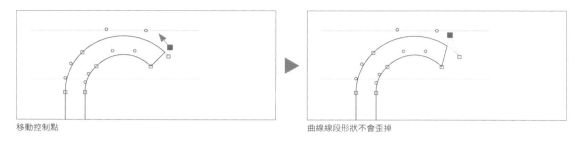

移動控制點　　　　　　　　　　　　　　曲線線段形狀不會歪掉

重新連接控制點

選取「開放角落」所展開的兩個控制點，執行右鍵選單
的「重新連接控制點」，則超出路徑外側的兩個控制點
能重新合併成一個。

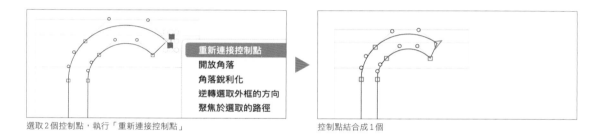

選取 2 個控制點，執行「重新連接控制點」　　　　控制點結合成 1 個

接著請打開「3-01.glyphs」的字符「b」。這個字符
裡，若嘗試移動控制點去加粗豎線，旁邊的斜線角度會
受到影響。

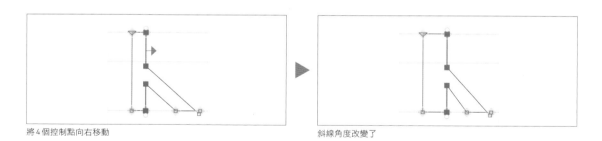

將 4 個控制點向右移動　　　　　　　　　　斜線角度改變了

點選豎線與斜線相接處的兩個控制點，從右鍵選單執行
「重新連接控制點」，路徑會在該位置分割開來。

 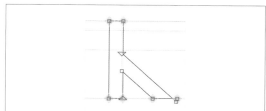

選取2個控制點，執行「重新連接控制點」　　　　　　　路徑被分割開來

在這個狀態下，移動豎線的控制點，也不會影響到斜
線。

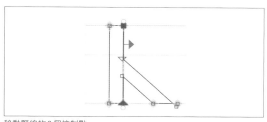 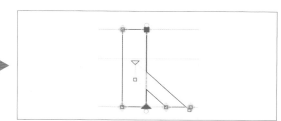

移動豎線的2個控制點　　　　　　　　　　　　　　斜線角度不會改變

若有需要，可再重新合併兩個路徑（chapter3-15）。

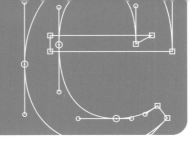

19 路徑的聚焦與鎖定

 練習檔案：3-01.glyphs

這裡要介紹製作路徑時很實用的功能。
「聚焦」、「鎖定路徑」、「鎖定」可用來限縮編輯對象，有效防止錯誤操作的功能。請在練習檔案「3-01.glyphs」的字符「U」上試試看。

聚焦

選取字符中部分路徑（或控制點），執行右鍵選單的「聚焦於選取的路徑」，其他路徑的控制點都會被隱藏，也無法編輯。

※ 但筆者在「3-01.glyphs」的字符「U」測試時，還是可以編輯到右下的圓型路徑。使用此功能時可能要注意一下。

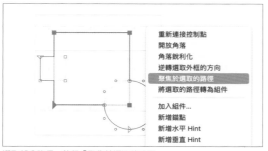

選取部分路徑，執行「聚焦於選取的路徑」

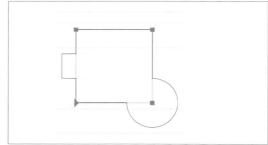

其他路徑都無法編輯

要解除「聚焦於選取的路徑」，可在右鍵選單執行「取消路徑聚焦」。

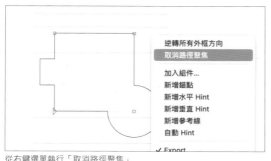

從右鍵選單執行「取消路徑聚焦」

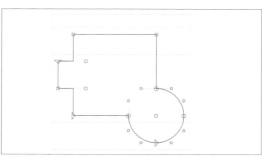

聚焦狀態會被解除

鎖定路徑

在選取了路徑中部分控制點的狀態，執行右鍵選單的「鎖定路徑」，該路徑整條會無法編輯。

※ 當選取多個控制點時，右鍵選單可能會找不到「鎖定路徑」的選項。這時請在**控制點的正上方**點開右鍵選單試試看。另外，只有選取1個控制點時，無論在哪裡打開右鍵選單，都會顯示「鎖定路徑」選項。

※ 這個動作無法一口氣鎖定多個路徑，若有需要，則必須對每個路徑分別操作。

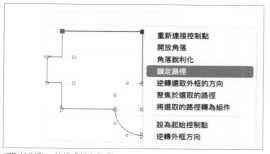
選取控制點，執行「鎖定路徑」

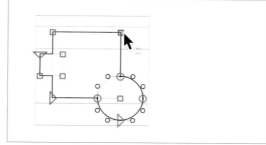
試著拖曳修改該路徑，會看到控制點顯示紅色

要解除「鎖定路徑」，可在路徑的任一個控制點上方，執行右鍵選單的「路徑解除鎖定」。

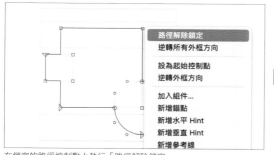
在鎖定的路徑控制點上執行「路徑解除鎖定」

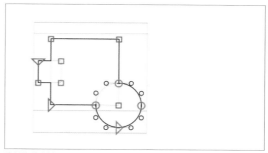
路徑的鎖定就解除了

鎖定

在字符任何位置勾選右鍵選單的「Locked」,字符上所有路徑都會被鎖定,無法編輯。也不能在字符加入新路徑。

※ 不用先選取路徑或控制點(有選取也無妨)。

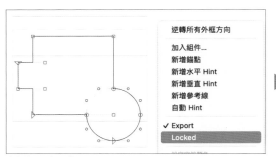
在右鍵選單勾選「Locked」

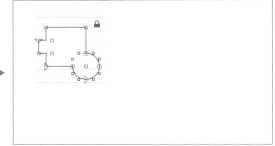
所有路徑會被鎖定,在視窗內點擊時,會出現鎖頭符號

要解除鎖定,可以再次點選右鍵選單的「Locked」拿掉勾選就好了。

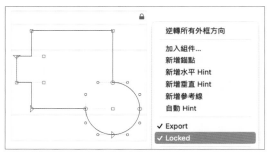
點選右鍵選單的「Locked」拿掉勾選

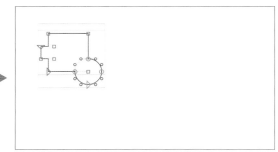
鎖定被解除,在視窗內點擊時不會再出現鎖頭符號

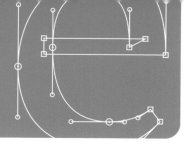

20 參考線

 練習檔案：3-01.glyphs

在編輯畫面中，可以使用各式各樣的參考線（guideline）
來輔助製作路徑。

chapter 3

磁性參考線

在這裡使用練習檔案「3-01.glyphs」的字符「c」。

「磁性參考線」是移動控制點時，
自動顯示的紅色參考線。在以下情
況會顯示出來。

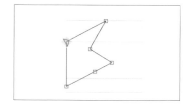

①移動中的位置正好對齊其他控制
　點或度量線（如基線等）、區域參
　考線、全域參考線（後述）時。

對齊其他控制點時

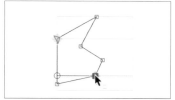
對齊基線

②從原來的位置水平或垂直拖曳移
　動時。

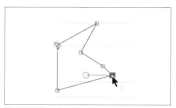
從原來的位置水平拖曳時

當顯示出磁性參考線時，拖曳中的控制點會自動吸附上
去。按下control鍵拖曳，可避免顯示出磁性參考線，也
不會進行吸附。

區域參考線、全域參考線

「區域參考線」、「全域參考線」是可拉在任意位置上的參考線。拖曳中的控制點會吸附到這些參考線上。控制點與這些參考線對齊時，會出現前述的磁性參考線。

※「區域參考線」、「全域參考線」在拉遠到一定程度後不會顯示，若加入參考線後卻看不到，請嘗試拉近顯示倍率。

● 加入區域參考線

「區域參考線」是僅在這個字符裡顯示的參考線，以藍線顯示。

※ 一個字符裡可以放置不只一條區域參考線。

加入區域參考線有兩個方式。一個是右鍵點選（或 control+左鍵）顯示出右鍵選單，執行「新增參考線」。這時會建立出一條水平參考線。

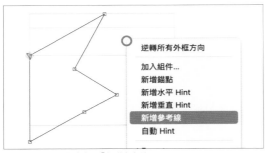

在〇的位置點選右鍵執行「新增參考線」

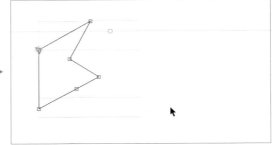

新增出一條通過右鍵點選位置的水平區域參考線

另一個方法是選取兩個控制點，執行右鍵選單的「新增參考線」。這樣會建立出一條通過這兩個控制點的參考線。

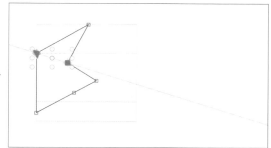

選取2個控制點，執行「新增參考線」　　　　　　　新增出通過這2個控制點的區域參考線

※ 若選取3個以上的控制點，會建立出跟方法1一樣的水平參考
　 線。

● **選取、刪除、鎖定區域參考線**

點選參考線上的藍圈，可以選取該參考線。選取後，圈
的內側會塗滿顯示。

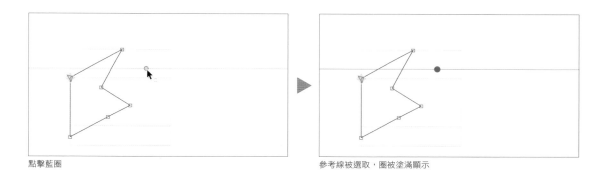

點擊藍圈　　　　　　　　　　　　　　參考線被選取，圈被塗滿顯示

在選取參考線的狀態按下delete鍵，就能刪除該參考
線。

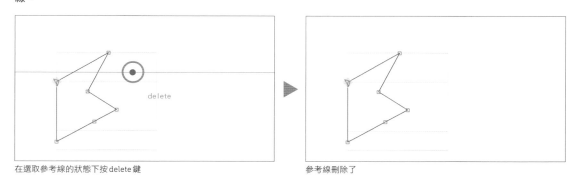

在選取參考線的狀態下按delete鍵　　　　　　參考線刪除了

在選取參考線的狀態下執行右鍵選單的「鎖定參考線」，參考線會被鎖定，無法進行操作。另外，藍圈的符號會變成鎖頭。

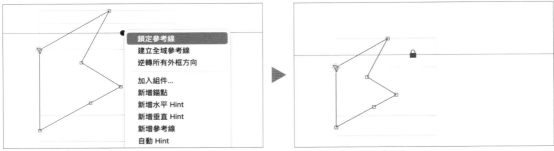

選取參考線執行「鎖定參考線」　　　　　　　　　　　參考線被鎖定，藍圈變成鎖頭

在鎖頭位置，執行右鍵選單的「解除鎖定參考線」，可以解除鎖定參考線。

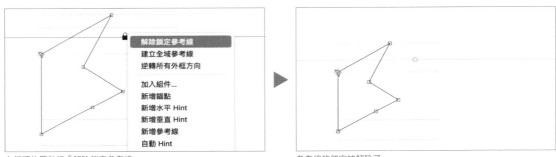

在鎖頭位置執行「解除鎖定參考線」　　　　　　　　　參考線的鎖定被解除了

● **編輯區域參考線**

移動參考線有 3 種方式。方法 1 是直接拖曳參考線上顯示的藍圈。

拖曳藍圈　　　　　　　　　　　　　　　　　　　　　參考線跟著移動

方法2是選取參考線後用鍵盤方向鍵移動。跟移動控制
點相同，按著shift鍵＋方向鍵可一次移動10單位，按著
command鍵＋方向鍵則是100單位。

選取藍圈後，按下方向鍵（+shift鍵或command鍵）　　參考線跟著移動

方法3是直接在資訊面板指定數值。在「X」、「Y」欄
位輸入圓圈座標。

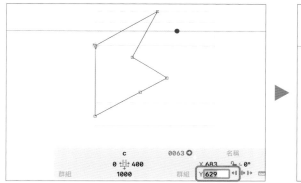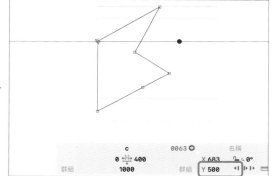

修改「Y」的值　　參考線移動至「Y」值的位置

在線上用滑鼠點兩下，參考線會旋轉90度。

※ 若點兩下後沒有順利旋轉，請試著解除選取參考線後再試試
看。

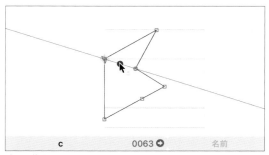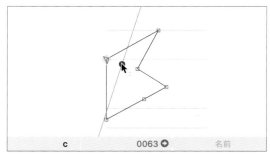

點兩下藍圈　　參考線旋轉90度

在資訊面板右上的角度欄輸入數值，可指定參考線的傾斜角度。

※ 參考線在鎖定狀態下，就算輸入角度值，參考線的角度也不會有任何變化。

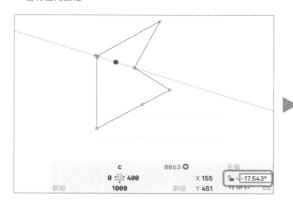 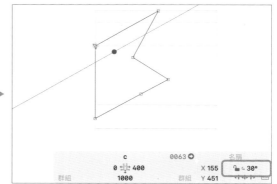

● 區域參考線的基準位置

在資訊面板中，預設狀態下，◄► 符號會是選取狀態。在這個狀態下若指定X = 150，參考線上的藍圈的座標位置，會在字符左端起算的右方150單位處。通常在這個模式下作業即可。

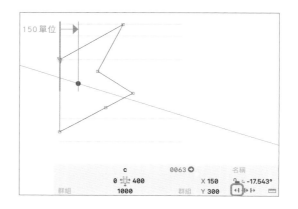

選取 ◄►► 符號，參考線上的藍圈會落在字符橫向正中央+150單位的位置。

※「X」欄也會自動變成「字符正中央X座標+150」的值。

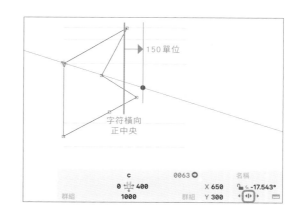

選取 ⊢ 符號，參考線上的藍圈會落在字符**右側**+**150**單
位的位置。

※「X」欄也會自動變成「字符右側X座標+150」的值。

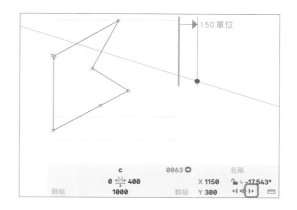

● 加入全域參考線

全域參考線是在所有全字符的所有圖層裡都會顯示的參
考線，以紅線顯示。

要製作全域參考線，可選取區域參考線，在右鍵選單執
行「建立全域參考線」即可。

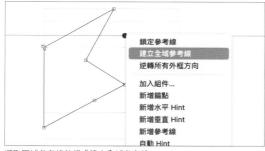

選取區域參考線執行「建立全域參考線」

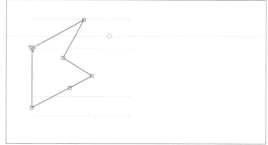

區域參考線會轉換成全域參考線

相反地，選取全域參考線，在右鍵選單執行「建立區域
參考線」，則可以轉換回區域參考線。

選取全域參考線執行「建立區域參考線」

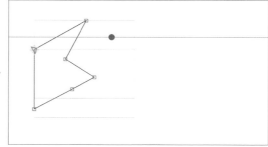

全域參考線會轉換成區域參考線

測量參考線

測量參考線是用來顯示外框之間距離的參考線。

選取區域參考線或全域參考線後，點選資訊面板裡的 ⌨ 符號，就能轉換成測量參考線。

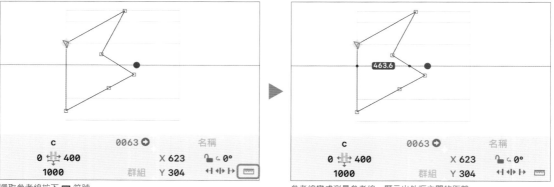

選取參考線按下 ⌨ 符號

參考線變成測量參考線，顯示出外框之間的距離

再次點擊 ⌨ 符號，就會恢復成原來的區域參考線或全域參考線。

Glyphs還提供了「測量工具」，用來方便進行測量。

選取「測量工具」，編輯畫面內所有控制點都顯示出座標。

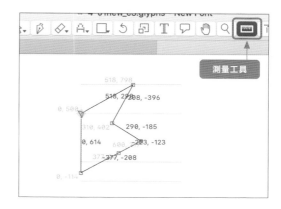

另外，在「測量工具」狀態下於編輯畫面內任意拖曳，外框之間的距離會以灰底數字顯示出來。
Ⓐ 開始拖曳的位置到第一個碰到的路徑之間的距離
Ⓑ 路徑之間的距離
Ⓒ 最後碰到的路徑到拖曳結束位置的距離
Ⓓ 拖曳角度

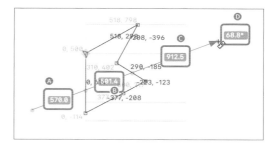

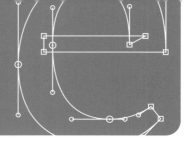

21 背景

 練習檔案：3-01.glyphs、3-02.glyphs

每個字符的編輯畫面都有一個名為「背景（background）」或稱「背景圖層」的簡易圖層。背景上的路徑在一般（前景）圖層裡會以棕色的線條顯示，適合用來比較、檢討兩個圖層的路徑。

※ 右圖是在背景製作路徑後，切換回工作圖層的顯示結果。

※ 背景裡的路徑不會輸出到字型檔案。

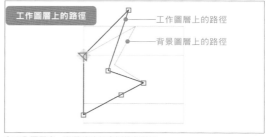

在工作圖層中，背景的路徑會以棕色顯示

切換至背景

以下請使用練習檔案「3-01.glyphs」的字符「c」。

在一般圖層（前景）顯示的狀態下，執行「路徑＞編輯背景」（command+B），編輯畫面會切換到背景的編輯狀態。

※ 編輯背景時，整個編輯畫面底色會以淺紅棕色顯示（可在設定調整）。

※ 編輯背景時，工作圖層上的路徑會以棕線（無控制點）顯示。

※ 若沒有顯示路徑，請檢查後述的「顯示＞顯示背景」是否沒有勾選。

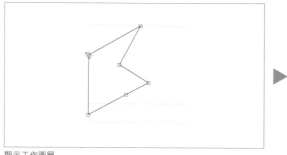

顯示工作圖層

顯示背景（工作圖層上的路徑會以棕色線條顯示）

試著在背景裡畫個橢圓形後，再次執行「路徑＞編輯背景」（command+B）切換回一般工作圖層。

在工作圖層中，背景上的橢圓形會以棕色線條（無控制點），而工作圖層本身的路徑會以黑線（有控制點）顯示。

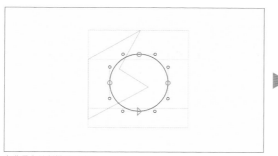
在背景上繪製橢圓形路徑

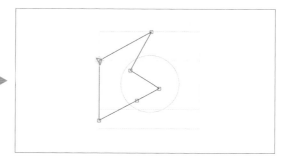
切回工作圖層後，橢圓形以棕色線條顯示

切換顯示／隱藏背景

在編輯一般工作圖層的狀態下，若去除「顯示＞顯示背景」（shift+command+B）的勾選，則背景就會隱藏。

※ 同樣地在編輯背景的狀態下，若去除「顯示＞顯示背景」（shift+command+B）的勾選，則工作圖層也會被隱藏。

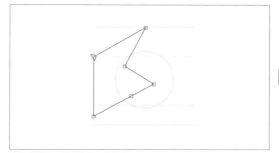
去除「顯示＞顯示背景」的勾選

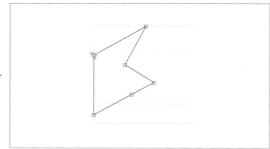
背景隱藏了

對調工作圖層與背景

執行「路徑＞與背景互相對調」（control+command+J），可以對調工作圖層與背景的內容。

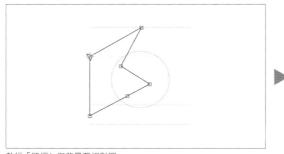

執行「路徑＞與背景互相對調」

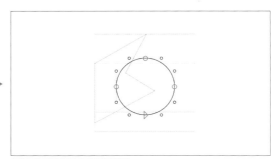

工作圖層與背景的內容就對調了

清除背景

在「路徑」選單顯示時按下option鍵，會變成不同的功能選項。執行「路徑＞清除背景」，背景的內容會被清空。

※ 也可以在字型畫面一次選取多個字符執行。

在「路徑」選單按下option鍵，選項會改變

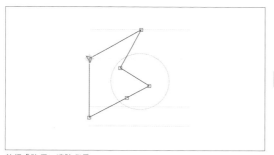

執行「路徑＞清除背景」

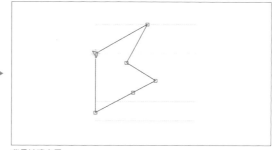

背景被清空了

將選取範圍設為背景

在工作圖層選取路徑，執行「路徑＞將選取範圍設為背景」（command+J），選取的路徑會複製到背景。這很適合用在想要保留目前已完成的路徑以供對照，繼續調整路徑時使用。

※ 本功能會刪除背景裡存在的路徑。若複製時不想要刪除既有路徑，可以按著option鍵執行「路徑＞將選取範圍設為背景」（option+command+J）。

※ 同樣地，若在背景編輯狀態時，選取路徑執行這些功能，選取的路徑會複製到一般工作圖層。

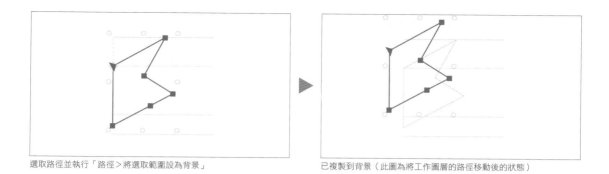

選取路徑並執行「路徑＞將選取範圍設為背景」　　　　　　已複製到背景（此圖為將工作圖層的路徑移動後的狀態）

將其他 Glyphs 檔案的路徑複製到背景

開啟練習檔案「3-01.glyphs」的字符「c」。並請同時
也打開練習檔案「3-02.glyphs」（不用特別開啟任何字
符）。

點選「路徑＞指定背景…」對話方塊，選取「3-02.
glyphs」並按下「OK」，這樣「3-02.glyphs」的字符
「c」的路徑就複製到背景了。

這個功能適合用在參考既有字型製作新字型的時候。

※ 也可以在字型畫面選取多個字符一口氣操作。

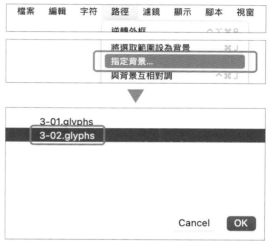

選取「3-02.glyphs」並按下「OK」

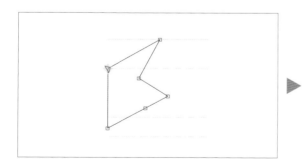

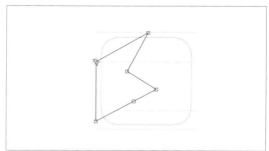

「3-02.glyphs」字符「c」的路徑就複製到背景了

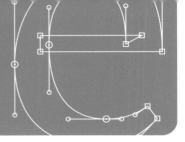

22 圖層

 練習檔案：3-03.glyphs

「圖層（layer）」與前述的「背景」是不同的功能，可在控制盤側欄的圖層面板操作。在這裡請用練習檔案「3-03.glyphs」的字符「A」。

主板圖層

「主板圖層」是對應到「檔案＞字型資訊＞主板」中所設定的 **Regular**、**Bold** 等每個主板的圖層，用來匯出與內插使用的一般圖層。

圖層名稱等於主板名稱，不能在圖層面板中修改或刪除。

※ 主板圖層在圖層面板中會以粗體顯示。

※ 未對「檔案＞字型資訊＞主板」進行任何變更時，預設只有「Regular」一個圖層。

主板圖層會以粗體顯示，名稱不能修改

切換顯示圖層

點選圖層面板裡的圖層名稱，可以切換顯示的圖層。

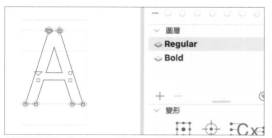

在圖層面板選取「Regular」時的顯示內容

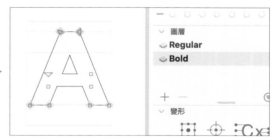

在圖層面板選取「Bold」時的顯示內容

備份圖層

「備份圖層」是可以配合需要製作的圖層。若有必要，在同一個字符中新增幾個備份圖層都沒問題。適合用來儲存不同的設計備案，或是留下製作過程的路徑。

● 新增備份圖層

要新增備份圖層，只要在圖層面板中，選取現有的圖層（主板圖層或其他現有的備份圖層均可），按下「＋」按鈕即可。

建立出的備份圖層裡的路徑、控制點會與原來選取的圖層完全相同，並可以自由編輯。

※ 因爲新建的備份圖層裡的路徑與原來圖層上的路徑完全相同，所以在切換圖層時，顯示畫面不會有任何改變，請小心編輯時不要弄錯圖層。

※ 在備份圖層裡，不只是路徑，也可以修改字符寬度。但如果改了字符寬度時，會無法與原來的圖層對照顯示（見下頁）。

選取既有的圖層按下「＋」按鈕

新的備份圖層就建立完成了

● 更改備份圖層名稱

備份圖層的預設名稱是建立的時間，點兩下可以自由改名。

在名稱部分點兩下

可以改成任意的名稱

● 刪除備份圖層

要刪除備份圖層，可以選取該圖層後按下「－」按鈕。

選取備份圖層按下「－」按鈕

備份圖層已被刪除

對照顯示圖層

在這裡使用練習檔案「3-03.glyphs」的字符「H」。

左下圖是字符「H」的「Regular」主板圖層，右下圖是「R01」備份圖層的路徑。

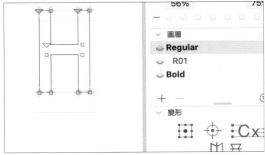

主板圖層「Regular」的路徑

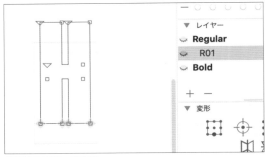

備份圖層「R01」的路徑

在顯示主板圖層「Regular」時，若想要與備份圖層「R01」的內容進行比較，可以點選備份圖層「R01」名稱左方的眼睛符號（預設是閉眼 🙈 狀態），切換至睜眼 👁 的狀態。

※ 該圖層上的路徑會以灰線顯示，方便互相比較路徑形狀進行編輯作業。

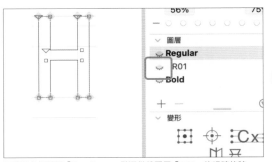

切換至主板圖層「Regular」，點選備份圖層「R01」的眼睛符號

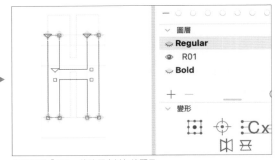

備份圖層「R01」的路徑會以灰線顯示

對調備份圖層與主板圖層

選取備份圖層，按 ⚙ 點開選單（或在圖層名稱上開啟右鍵選單），選取「做為主板」，該圖層會變成主板圖層，原來的主板圖層會變成備份圖層。

※ 原來的主板圖層變成備份圖層後，預設圖層名稱會是對調的時間點。

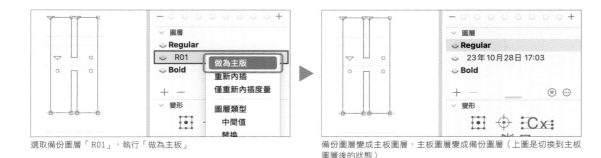

選取備份圖層「R01」，執行「做為主板」

備份圖層變成主板圖層，主板圖層變成備份圖層（上圖是切換到主板圖層後的狀態）

只顯示必要的圖層

選取圖層後，在 ⊜ 選單中點選「僅顯示目前主板的圖層」，則圖層面板裡只會顯示出該圖層與該圖層的備份圖層。

※ 再度點選移除勾選後，就能解除此功能。

選取主板圖層「Regular」，執行「僅顯示目前主板的圖層」

只剩下「Regular」與該圖層的備份圖層顯示出來

在 ⊜ 選單中若執行「隱藏備份圖層」，則只會顯示出主板圖層的名稱。

※ 再度點選移除勾選後，就能解除此功能。

點選「隱藏備份圖層」

只顯示出主板圖層的名稱

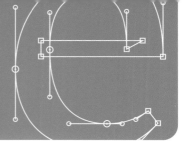

23 組件

 練習檔案：3-04.glyphs　完成檔案：3-04-complete.glyphs

基底字符、組件字符

「組件（component）」功能，是將**事先準備好的一或多個字符**（基底字符；base glyph）作為組件（構成元素）去組合成別的字符（組件字符；component glyph）的功能。例如組合ハヒフヘホ字符與濁點、半濁點字符，可以製作出バビブベボ、パピプペポ等字符。用來製作ÁĂÂÄÀ或ÚŬÛÜÙ這類有附加符號（diacritic）的字符也非常實用。

※ 組件字符又稱為複合字符（compound glyph）或合成字符（composite glyph）。

例如上方有的 **7 種基底字符**，就能組合出下面 **10 種組件字符**

基底字符與各組件字符保持聯繫關係，若修改基底字符的外框，會反映到所有組件字符上。

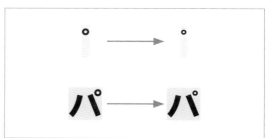

修改組件字符的外框（上）後，修正內容會反映到組件字符（下）

在這裡使用練習檔案「3-04.glyphs」體驗一下基本的操作吧。

建立組件字符

「3-04.glyphs」中ハヒフヘホ與濁點、半濁點字符已經做好路徑了。而バビブベボ、パピプペポ這些字符還是空白的狀態。

※「ハ」的字符名稱「ha-kata」、「バ」的字符名稱「ba-kata」，這是Glyphs自動命名的字符名稱。而濁點字符「dktn」、半濁點字符「hdktn」則是本書作者為了好懂自己取的字符名稱。

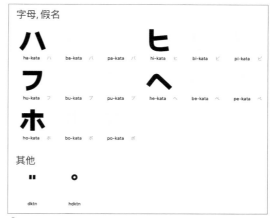

「3-04.glyphs」裡的字符

● 新增組件

那麼請先開啟「バ」（ba-kata）字符進行作業吧。

開啟右鍵選單（或control+左鍵），點選「加入組件…」，會出現字符列表。

從列表裡點選「ハ」（ha-kata）字符，按下**return**鍵（或在字符點兩下）。

※ 列表最上方有個放大鏡符號的搜尋框，當這裡是空欄時，列表會顯示出字型裡所有的字符。若在搜尋欄輸入字符名稱一部分時（例如「ho」），可以過濾要顯示出的字符。

「ハ」字符會被當作組件新增進來，並以灰色顯示。

「ハ」字符被當作組件加入進來

接著把濁點也加上去吧。步驟是一樣的，先點選右鍵選單的「加入組件…」。

在清單上方搜尋框裡輸入「dk」，這樣只有字符名稱裡包含這個字串的「dktn」、「hdktn」兩個字符會顯示出來。選取「dktn」按下return鍵（或直接點兩下）。

※ 在搜尋框裡輸入的字串，在下次執行「加入組件…」時還會留著。所以若要在列表裡**顯示所有字符**時，需要記得自己刪除搜尋框裡的文字。

這樣濁點就被當作組件加進來了。

接著再配合需要移動組件就完成了。

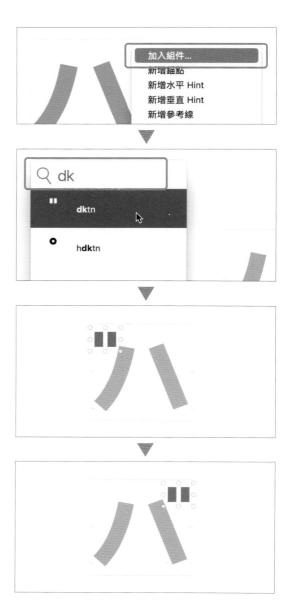

● 啟用／停用組件自動就定位

組件自動就定位是將基底字符的字符寬度、座標等資訊，直接反映到組件字符上的功能，例如在製作拉丁字母時，一旦加上組件，就能安排在正確的位置。例如想要統一「A」與「Á」的字符寬度、統一附加符號的座標位置時非常方便。

但在自動就定位模式下，組件不能移動也無法調整大小，亦無法調整組件字符的字符寬度。若有需要進行這些調整時，就必須停用組件自動就定位功能。

※ 片假名字符預設組件自動就定位功能是停用的。

例如在「ビ」（bi-kata）字符裡加上「ヒ」（hi-kata）組件（目前組件自動就定位停用狀態）。在這裡故意將字符寬度改成600（與基底字符不同的值），也故意移動組件的位置。

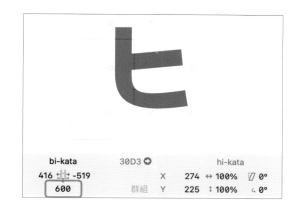

在組件上方開啟右鍵選單，執行「啟用組件自動就定位」。

組件自動就定位啟用後，字符寬度與座標都會使用基底字符「ヒ」（hi-kata）的值。在這個狀態下，組件不能拖曳移動，字符寬度也無法調整。另外，雖然不明顯，組件本身也顯示成稍微帶一點綠色的灰色。

要停用組件自動就定位，可在組件上開啟右鍵選單，執行「停用組件自動就定位」。

這樣組件自動就定位就停用了，組件可以拖曳移動，字符寬度欄也可以輸入數值了。組件會回到原來的灰色。

※ 在啟用組件自動就定位的狀態下，若字符裡有路徑存在時，組件自動就定位功能會自動停用（例如在已存路徑的字符裡加上英文字母作為組件時，或是在手動啟用組件自動就定位後，又畫上路徑的情況）。刪掉路徑後，會自動恢復組件自動就定位啟用狀態。

※ 組件自動就定位啟用時，當字符裡只有1個組件，則組件字符的字符寬度會等於這個組件的基底字符的字符寬度。當有2個組件時，字符寬度會是兩者相加的結果。但2個組件若設有互相對應的錨點（後述），則字符寬度會等於設有母錨點的字符寬度。

鎖定組件

在停用組件自動就定位的狀態，想要鎖定特定的組件，讓它不能移動或變形，可在右鍵選單點選「鎖定組件」，鎖定的組件會帶有一點點藍色。

※ 即使鎖定組件，字符寬度還是可以修改。

另外，要解除鎖定，可在右鍵選單點選「解除鎖定組件」。

組件解除鎖定後，會回到原來的灰色。

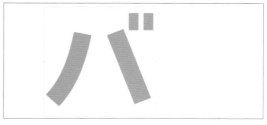

編輯組件

在編輯畫面中，對組件點兩下，該組件的基底字符就會被開啟在左邊，並直接進入可以編輯的狀態。

※ 若組件被鎖定，則不會開啟基底字符。

在組件上點兩下

基底字符會顯示在左方，並進入編輯狀態

對基底字符進行任何修改，也會馬上反映到組件字符。

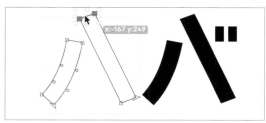

修改內容會立刻反映到組件字符（右方）

另外，若在選取組件的狀態下，點選右方資訊面板右上角的 ◯ 按鈕，也可以顯示基底字符。

※ 請注意資訊面板裡有兩個 ◯ 按鈕，不要按錯了。

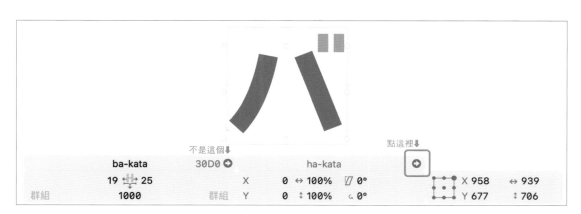

拆開組件

執行「字符 > 拆開所有組件」（shift+command+D），則該組件字符中所有組件（無論是否有選取）都會被拆開成外框，可以直接進行編輯。

※ 若拆開組件，與基底字符之間的聯繫關係就打斷了。

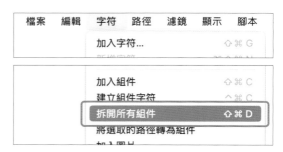

 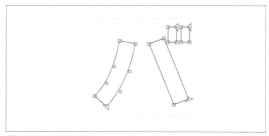

所有組件都被拆開成外框

若要拆開特定的組件，可從右鍵選單選擇「拆開此組件」。

 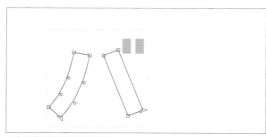

選取組件，執行右鍵選單的「拆開此組件」　　　只有特定組件被拆開成外框

警告符號

組件字符上有可能顯示以下幾種警告符號。

- **no base glyph**：當基底字符不存在時，會顯示此符號。點兩下後自動在字型裡加入基底字符，並顯示在旁邊，進入可編輯狀態。
- **empty base glyph**：當基底字符裡未存在任何外框時，會顯示此符號。點兩下後基底字符會開啟在旁邊，進入可編輯狀態。

- **bad reference**：組件參照關係有問題時，會顯示此符號。

※ 例如組件的基底字符就是這個字符本身，形成循環參照關係時等。

錨點

「錨點（anchor）」是為了對齊組件之間的位置而設置的基準點。在基底字符裡設好錨點，在組件字符上，錨點之間就能自動對齊在一起。

這裡試著在「ヘ」（he-kata）字符加上錨點吧。在右鍵選單點選「新增錨點」，就會加入一個名為「new anchor」的錨點。

※ 一個字符可以加上多個(名稱不同的)錨點。

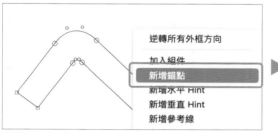

在右鍵選單點選「新增錨點」

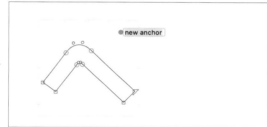

加入名為「new anchor」的錨點

當錨點不在選取狀態時，不會顯示錨點的名稱。一旦點擊錨點選取它，就會再顯示出名稱。另外，對錨點點兩下，可以修改錨點的名稱。

要使用自動對齊位置功能，錨點的名稱很重要。例如在其中一方的基底字符（希望沿用字符寬度與位置的組件）裡設置了名為「abc」的錨點（母錨點），另一方的基底字符（位置被相對決定的組件）則必須新增名為以底線開頭的「_abc」錨點（子錨點）。在這裡，以「ten」作為錨點名稱。

※ 多個基底字符（以這個範例來說就是「ハ」「ヒ」「フ」「ホ」）都設定同名的錨點，在作業上會比較方便。

※ Glyphs 在製作帶有附加符號的拉丁字母時，能夠自動加入適當名稱的錨點。詳見 Glyphs 使用手冊。

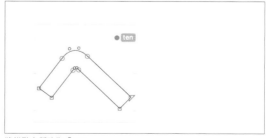

將錨點名稱改為「ten」

錨點可以拖曳移動，也可在資訊面板裡指定座標。在這裡將錨點移動到適合安插濁點、半濁點的中心位置。

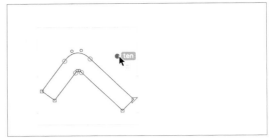
調整錨點的位置

接著在濁點字符（dktn）、半濁點字符（hdktn）也設置錨點。錨點的名稱必須是前方帶有底線的「_ten」。錨點的位置放在路徑的上下左右中心處。

設置錨點「_ten」

在組件字符「べ」（be-kata）裡新增組件。首先加上設有母錨點的「へ」（he-kata），接著加入設有子錨點的濁點字符（dktn）。

依序加入「へ」（he-kata）→濁點字符（dktn）

在停用組件自動就定位的狀態下，不會進行自動定位。選取濁點組件，並執行「啟用組件自動就定位」。

選取濁點組件執行「啟用組件自動就定位」

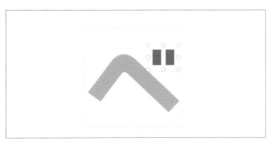
組件自動就定位功能會依錨點位置對齊組件

同樣的「ぺ」（pe-kata）字符也能用一樣的步驟進行定位，請自行試著做做看。

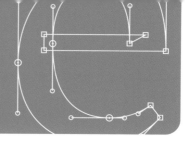

24 角落組件

 練習檔案：3-05.glyphs

角落組件是以**開放路徑所繪製的組件**，可用來**連接在外框的角落**。很適合用來製作襯線字體的襯線（serif）、明體的三角形等用途。

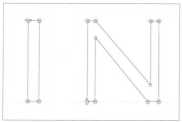  

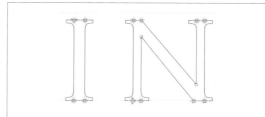

例如左上圖是還沒加上襯線的字符，而右上圖是畫好襯線造形的基底字符（角落組件）

套用角落組件後，就能簡單製作出具有統一襯線造形的字符

套用角落組件

在這裡使用練習檔案「3-05.glyphs」裡已設計好的角落組件來試用此功能。

要使用角落組件功能，先要有路徑還沒有設定角落組件的字符。練習檔案「3-05.glyphs」的字符裡「I」繪製了右圖這樣的路徑。

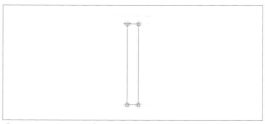

「3-05.glyphs」的字符「I」

另外還需要角落組件的基底字符，這裡使用字符「_corner.leftSerif」。

「3-05.glyphs」的字符「_corner.leftSerif」（放大顯示）

選取字符「Ｉ」左下角的控制點，在右鍵選單執行「新增角落組件」，就會顯示出名稱以「_corner.」開始的字符列表。

※ 若列表裡找不到想用的角落組件，請確認字符名稱是否正確以「_corner.」開始。

執行「新增角落組件」

在列表裡選擇「_corner.leftSerif」，按下return鍵（或直接點兩下），角落組件就會連接套用外框上，以藍線顯示。

選取「_corner.leftSerif」並按return（或點兩下）

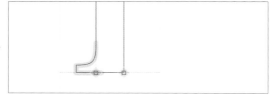

角落組件就會套用到外框上了

點擊沒有路徑的地方解除選取角落組件後，角落組件會以藍色細線顯示。點擊角落組件選取後，會以較粗的藍線顯示，並且資訊面板右側會延伸顯示角落組件的相關資訊（以下稱「右側資訊面板」）。

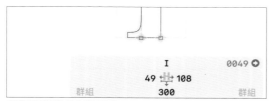

未選取角落組件時的顯示情形

選取角落組件時的顯示情形

在選取角落組件的狀態下按下delete鍵，可刪除角落組件，回到未套用角落組件前的狀態。

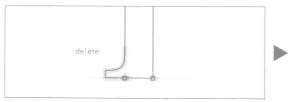

選取角落組件按delete

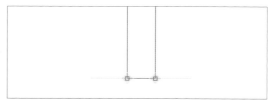

回到套用角落組件前的狀態

調整角落組件

● 變更角落組件

右側資訊面板上方會顯示角落組件的字符名稱「_corner.leftSerif」。點選這裡會顯示出角落組件列表，可以重新選取要套用的角落組件。

點擊字符名稱可重新挑選角落組件列表

● 編輯角落組件的路徑

點選右側資訊面板右上角的 ⊙ 按鈕，會開啟基底字符的編輯畫面，進入可編輯路徑的狀態。

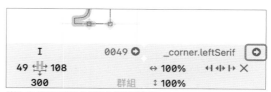

點選 ⊙ 按鈕可開啟角落組件的編輯畫面

● 縮放角落組件

修改在右側資訊面板的 ↔、↕，可調整橫向、縱向的縮放率，調整角落組件的形狀。

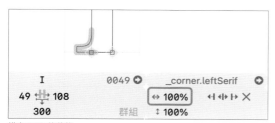

橫向100%的狀態

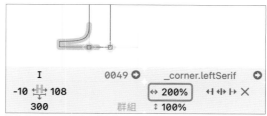

設定成200%，可調整角落組件的形狀

若將設計給左下角用的角落組件套用在右下角時，無法顯示成預期的狀態。但是可以將 ↔ 或 ↕ 其中一方設定為負值，就能調整成預期的狀態。

※ 也可以在控制盤側欄按 ⋈ 或 ⋈（鏡射按鈕），達到一樣的狀態。

在右下角套用「_corner.leftSerif」的結果

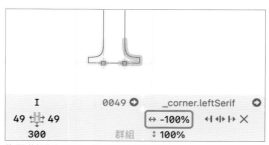

將 ↔ 值設為負100%，就能達到預期的狀態

另外，若一次選取兩個以上的線上控制點並新增角落組件，Glyphs會配合需要自動設定負值，將加入的角落組件調整到預期的狀態。

※ 若得不到理想的結果，試著減少選取的控制點數試試看。

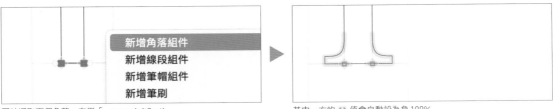

同時選取兩個角落，套用「_corner.leftSerif」　　　　　其中一方的 ↔ 值會自動設為負 100%

● 角落組件的複製、貼上

在角落組件的狀態下執行「編輯＞複製」（command+C）後，選取其他線上控制點，執行「編輯＞貼上」（command+V），就能複製角落組件。

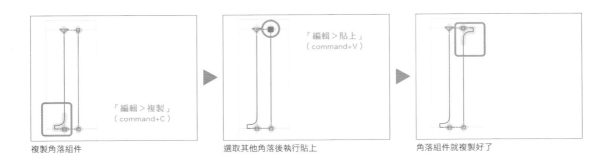

複製角落組件　　　　　選取其他角落後執行貼上　　　　　角落組件就複製好了

● 解開角落組件

選取角落組件後，在右鍵選單執行「解開角落組件」，角落組件就會被解開成路徑。

※ 解開後就與基底字符失去聯繫，之後調整基底字符不會再反映到這個角落。

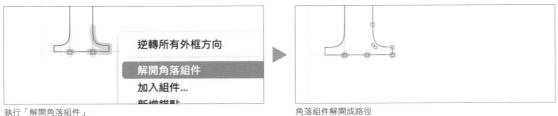

執行「解開角落組件」　　　　　角落組件解開成路徑

● 傾斜字幹的角落組件

當要套用角落組件的字幹是斜的，角落組件會變形。這時可以使用右側資訊面板來調整要變形的方向。

在這裡使用練習檔案「3-05.glyphs」的字符「I.2」。

- ◂| ：角落組件的起點端配合字幹的角度彎曲，終點端則不理會字幹的角度，維持形狀不變。一般來說適合左下角、右上角的襯線。

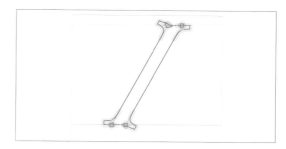

- ◂|▸ ：角落組件的起點、終點端都配合字幹彎曲。適合用在墨溝等需要彈性適用兩者角度的情況。

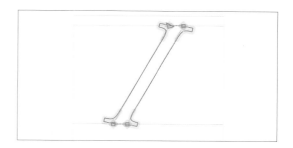

chapter 3

MEMO 墨溝

墨溝是指在筆畫交差處，為了避免墨水集中，而刻意將角落向內挖的處理技術。角落組件也可以用來設計墨溝（請見練習檔案「3-05.glyphs」的字符「H」）。

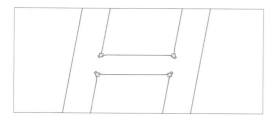

- ⊦：角落組件的終點端配合字幹的角度彎曲，起點端則維持固定。一般來說適合右下角、左上角的襯線。

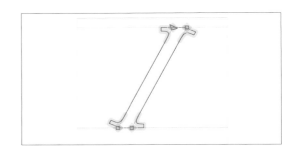

- ✕：角落組件的起點、終點端都不彎曲。

製作角落組件的基底字符（角落字符）

● 角落字符的字符名稱

角落字符的字符名稱必須以「_corner.」開始。

● 製作角落字符的路徑

角落字符通常必須製作成滿足以下條件的開放路徑（見字符「_corner.leftSerif」）。

- 起點是垂直的平滑控制點，X座標在0處。
- 終點結束於水平的線段，Y座標為0，X座標大於0。

這時原點是X=0、Y=0的位置。

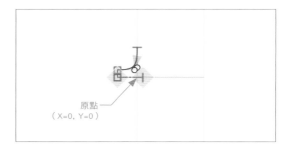

若終點的X座標未滿0（參考字符「_corner.leftSerif_2」），套用角落組件時，襯線變成像右圖這樣反而向內嵌進字幹裡的狀態。

終點X座標未滿0（左上）時，襯線變成嵌進字幹裡的狀態（右上）

另外，若襯線的造形沒有必要平滑接續在字幹上，則兩端的控制點也可以不需要保持垂直、水平（見字符「_corner.leftSerif_3」）。

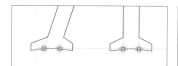

如左上圖這樣不需要平滑連接字幹的襯線，也可以不用畫成垂直、水平方向（右上）

若在角落字符裡加入名為「origin」的錨點，則「origin」錨點的位置為原點。這樣規則裡X座標、Y座標的位置就要改成對齊這個點繪製（見字符「_corner.leftSerif_4」）。

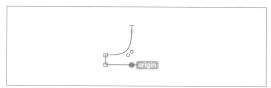

起點的X座標、終點的Y座標對齊「origin」錨點

路徑方向必須與套用角落處的路徑方向一致，若路徑方向顛倒，則字符套用角落組件（如字符「_corner.leftSerif_5」）的結果會很奇怪。

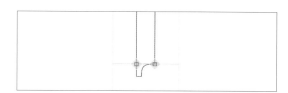

這時可以使用「路徑 > 逆轉外框」（command+option+control+R）逆轉角落字符的路徑方向。或是向前面說明的，也可以在角落組件右側資訊面板將 ↔ 或 ↕ 其中一方改為負值調整套用結果。

● **配合傾斜字幹調整形狀**

要調整傾斜字幹上角落組件的形狀，可以製作名為「left」（左下角、右上角用的字符）或「right」（右下角、左上角用的字符）的錨點。

套用沒有「left」錨點的「_corner.leftSerif」

錨點「left」、「right」的X座標應對齊原點。而Y座標則要放在原點與路徑的起點中間；襯線的長度會隨著Y座標的值而變化（右圖是字符「A」套用各種角落組件時的狀態）。

套用「left」錨點離原點較近的「_corner.leftSerif_6」

套用「left」錨點離原點較遠的「_corner.leftSerif_7」

131

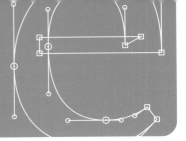

25　筆帽組件

練習檔案：3-05.glyphs

筆帽組件是以開放路徑所繪製的組件，可連接在字幹的前端。很適合用來製作襯線字體的襯線、花飾線（swash），或是中日文字型的起筆造形等。

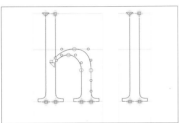

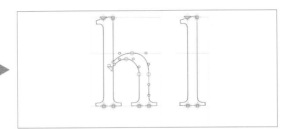

例如左上圖是還沒加上襯線的字符，而右上圖是畫好襯線造形的基底字符（筆帽組件）

套用筆帽組件後，就能簡單製作出具有統一襯線造形的字符

套用筆帽組件

筆帽組件的使用方法與角落組件幾乎相同，在這裡使用練習檔案「3-05.glyphs」的字符來體驗筆帽組件的操作。

練習檔案「3-05.glyphs」的字符「h」畫有如右圖的路徑。

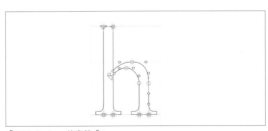

「3-05.glyphs」的字符「h」

另外還需要筆帽用的基底字符，這裡使用字符「_cap.top」。

「3-05.glyphs」的字符「_cap.top」（放大顯示）

選取字符「h」字幹上方兩個控制點，在右鍵選單執行
「新增筆帽組件」，就會顯示出名稱以「_cap.」開始的
字符列表。

※ 筆帽組件不能同時加入多個。所以選取3個以上的線上控制
點時，右鍵選單不會出現「新增筆帽組件」選項。

點選「新增筆帽組件」

在列表裡選擇「_cap.top」，按下return鍵（或直接點兩
下），筆帽組件就會連接套用外框上，以藍線顯示。

選取「_cap.top」並按return（或點兩下）

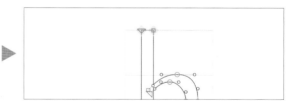

筆帽組件就會套用到外框上了

在選取筆帽組件的狀態下按下delete鍵，可刪除筆帽組
件，回到未套用筆帽組件前的狀態。

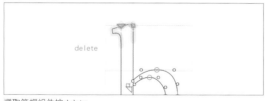

選取筆帽組件按delete

回到套用筆帽組件前的狀態

調整筆帽組件

● 筆帽組件的切齊功能

當字幹寬度與筆帽組件寬度不同
時，預設狀態下，會維持筆帽組件
的形狀，以扭曲的狀態連接在字幹
上。例如「3-05.glyphs」的字符
「l」（小寫字母L）套用筆帽組件「_
cap.top」後，會顯示右圖的結果。

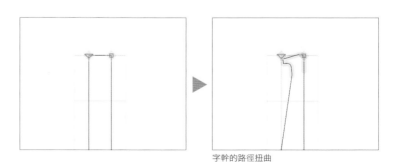

字幹的路徑扭曲

這時，可以勾選右側資訊面板的「切齊」選項抑制變形的程度，筆帽組件的路徑形狀會被自動調整，以較平滑的方式連接在路徑上。

※ 字幹的豎線不會完全垂直。筆帽組件只有水平方向會縮放，亦即無論是字幹、筆帽組件，都不會維持在原來的形狀。

※ 字幹很低的時候，可能無法平滑連接。

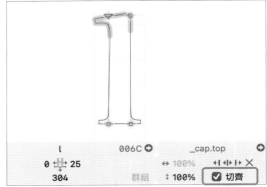

右側資訊面板的 ↔ 框會以灰色顯示（無法輸入）

● 縮放筆帽組件

也可以不使用「切齊」，直接調整右側資訊面板的 ↔、↕ 的數值來變形筆帽組件。

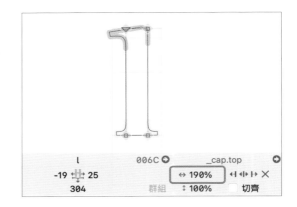

● 解開筆帽組件

選取筆帽組件後，在右鍵選單執行「解開筆帽組件」，筆帽組件就會被解開成路徑。

※ 解開後就與基底字符失去聯繫，之後調整基底字符不會再反映到這個筆帽。

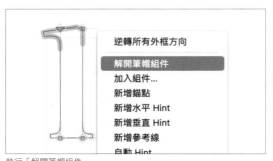

執行「解開筆帽組件」

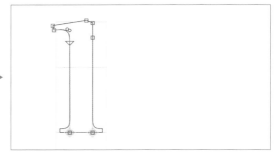

筆帽組件解開成路徑

製作筆帽組件的基底字符（筆帽字符）

● 筆帽字符的字符名稱

筆帽字符的字符名稱必須以「_cap.」開始。

● 製作筆帽字符的路徑

筆帽字符必須製作成滿足以下條件的開放路徑（見字符「_cap.top」）。

- 起點是垂直的平滑控制點，X座標在 0 處。
- 終點也是垂直的平滑控制點。

  ※ 但若不需要平滑連接字幹，則可以不是垂直的平滑控制點。

- 起終點的寬度要配合套用處的字幹寬度繪製。

這時原點是 X=0、Y=0 的位置。

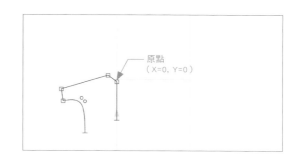

若在筆帽字符裡加入名為「origin」的錨點，則「origin」錨點的位置為原點（見字符「_cap.top2」）。

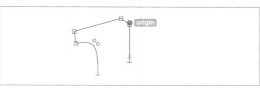

「origin」錨點的位置為原點

MEMO 字幹下方的筆帽字符

筆帽字符也可像右圖這樣畫成上方開放的路徑（請見「_cap.hane」）。這適合用來繪製字幹下方的組件，例如漢字下方的鉤筆等造形使用。

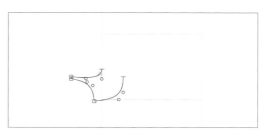

字幹下方的筆帽組件，範例是漢字的鉤筆

路徑方向必須與套用筆帽處的路徑方向一致，若路徑方向顛倒，則字符套用筆帽組件（如字符「_cap.top3」）的結果會很奇怪。

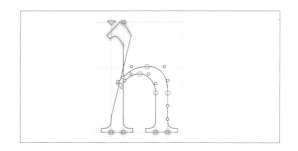

繪製時若將路徑最上端對齊原點，則套用時就會準確對齊字幹的上端。

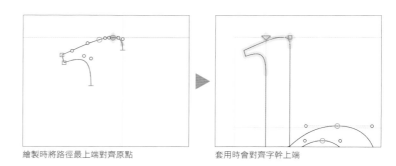

繪製時將路徑最上端對齊原點　　　　套用時會對齊字幹上端

若刻意要讓筆帽凸出字幹上方，則繪製路徑時就可畫得比原點更高。

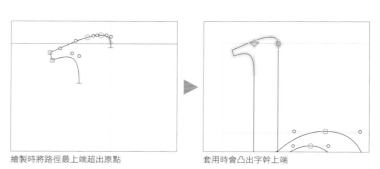

繪製時將路徑最上端超出原點　　　　套用時會凸出字幹上端

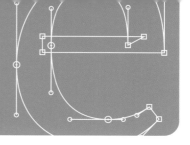

26 線段組件

 練習檔案：3-05.glyphs

線段組件是以**開放路徑所繪製的組件**，可用來**連接在直線或曲線的線段上**。

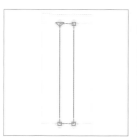   

例如對左上圖的字符套用右上兩個線段組件（右上圖為了比較容易看清楚，以預覽模式呈現）

套用線段組件，可以較容易統一線段的造形（右上圖是預覽模式）

套用線段組件

練習檔案「3-05.glyphs」的字符「I」繪製有這樣的路徑。

「3-05.glyphs」的字符「I」

檔案裡已經做好線段組件用的字符「_segment.top」與「_segment.vert」。各字符裡都有「start」與「end」兩個錨點。

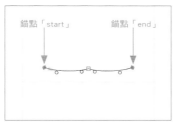

「_segment.top」放大顯示

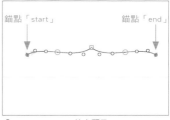

「_segment.vert」放大顯示

在字符「I」選取線段後，在右鍵選單執行「新增線段組件」，就會顯示出名稱以「_segment.」開始的字符列表。

※ 線段組件不能同時加入多處。

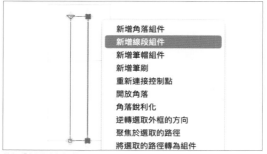

執行「新增線段組件」

在列表裡選取「_segment.vert」後按下return鍵（或直接點兩下），線段組件就會連接套用線段上，以藍線顯示。

請確認「start」錨點與「end」錨點的位置分別對應到兩個線上控制點上。

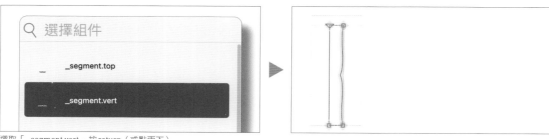

選取「_segment.vert」按return（或點兩下）

線段組件與角落組件、筆帽組件相同，可以進行複製、貼上，或按delete鍵刪除。

製作線段字符

● 線段字符的字符名稱

線段字符的字符名稱必須以「_segment.」開始。

● 製作線段字符的路徑

線段字符通常必須製作成滿足以下條件的開放路徑（見字符「_segment.vert」）。

- 起點與終點的Y座標相同。
- 起點、終點分別加上名為「start」、「end」的錨點。

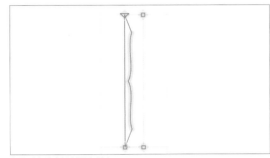

起點與終點的Y座標相同

若沒有設置「start」、「end」錨點，起、終點無法跟套用處的線上控制點正確對齊（右圖是套用「_segment.vert_2」的結果）。

起終點與線上控制點沒對齊

「start」、「end」錨點可以自動加入。在編輯畫面狀態下，執行「字符＞自動設定錨點」（command+U）即可，執行時不用選取任何路徑。

若路徑方向與「start」、「end」錨點方向顛倒時（起點放了「end」、終點放了「start」錨點時），套用時會出現扭曲的現象（右圖是套用「_segment.vert_3」的結果）。

起終點對應到顛倒的線上控制點而造成扭曲

要解決這個問題，可以在編輯畫面執行「字符＞重設所有錨點」（command+shift+U）。

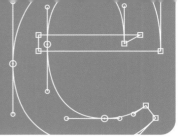

27　筆刷

　練習檔案：3-05.glyphs

筆刷是以封閉路徑所繪製的組件，可用來連接在直線或
曲線繪製的線段。

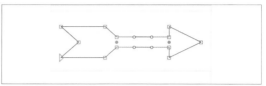

筆刷字符的範例

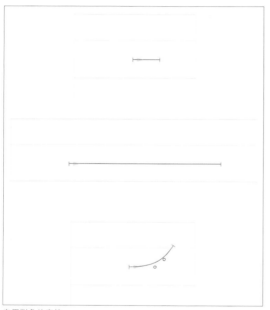

套用對象的字符

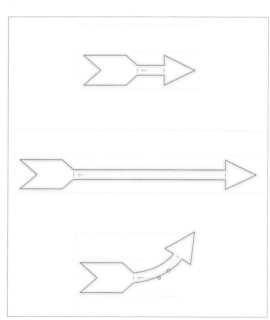

各字符套用筆刷後的狀態

套用筆刷

右圖是練習檔案「3-05.glyphs」的字符「z」裡已經畫
好的路徑。

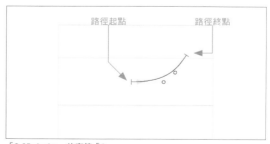

「3-05.glyphs」的字符「I」

檔案裡已經做好筆刷用的字符「_brush.arrow」。字符裡設有「start」、「end」兩個錨點。

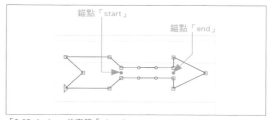

「3-05.glyphs」的字符「_brush.arrow」

在字符「z」選取線段後，執行右鍵選單的「新增筆刷」，就會顯示出名稱以「_brush.」開始的字符列表。

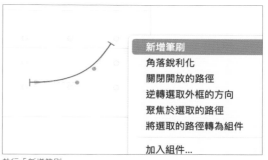

執行「新增筆刷」

在列表裡選擇「_brush.arrow」，按下return鍵（或直接點兩下），筆刷就會套用在路徑上，以藍線顯示。
請確認「start」錨點與「end」錨點的位置分別對應到字符「z」路徑的起終點上。

選取「_brush.arrow」並按return（或點兩下）

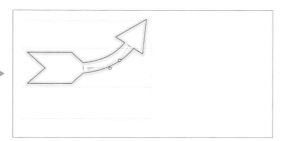

筆刷就會套用到路徑上了

筆刷與角落組件、筆帽組件、線段組件相同，可以進行複製、貼上，或按delete鍵刪除。

製作筆刷字符

● 筆刷字符的字符名稱

筆刷字符的字符名稱必須以「_brush.」開始。

● 製作筆刷字符的路徑

筆刷字符通常必須製作成滿足以下條件的封閉路徑（見字符「_brush.arrow」）。

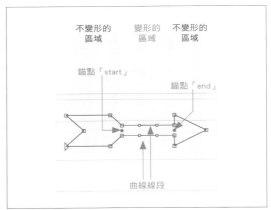

製作封閉的路徑，並擺放兩個錨點

- 在想套用起點的位置擺放「start」錨點，想套用在終點的位置擺放「end」錨點。

  ※ 錨點外側的部分，在套用處會在線段範圍之外，不會跟隨變形。

- 若要套用的對象是曲線線段，則**變形區域**也要用**曲線線段**製作。

對字符「z」套用變形區域是曲線線段的筆刷組件「_brush.arrow」結果如右圖所示。

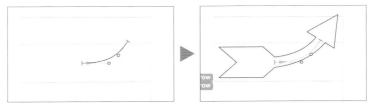

套用對象也是曲線線段時，可變部分會隨之調整為曲線

對字符「z」套用變形區域是直線線段的筆刷組件「_brush.arrow_2」結果如右圖所示。

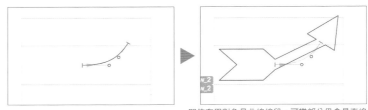

即使套用對象是曲線線段，可變部分仍會是直線

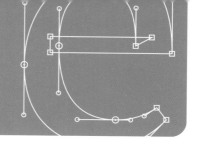

28 加入圖片

 練習檔案：3-06.glyphs、3-06_imgs（圖片檔案夾）

每個字符都可以加入圖片，作為描繪時的底稿。在這裡使用「**3-06_imgs**」檔案夾裡的範例圖檔來體驗看看吧。

※ 加入的圖片原則上不會匯出到OpenType字型裡。但要匯出 Apple彩色字型格式時則會用到。

準備圖檔

● 檔案格式

編輯畫面支援PSD、JPG、PDF、PNG、TIF、AI等各種格式的圖檔。但**PDF檔案最好只有單頁面、AI檔案最好只有一個工作區域**。（多頁的PDF會顯示第一頁，多工作區域的AI檔案也只能顯示第一個工作區域）。

● 圖片解析度、像素數

圖片解析度最好設為**72ppi**，像素數則是高**1000像素**。當圖片解析度為72ppi時，每1像素會對應到1單位大小。1000×1000像素的圖片就會以1000×1000單位表示。

當圖片解析度高於72ppi時，**1像素會低於1單位**；低於72ppi時，則會**顯示更大**。例如同樣是1000×1000像素的圖片，若解析度是300ppi時，則加入後會顯示成240×240單位（1000×1000單位的72/300）。

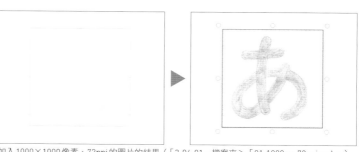

加入1000×1000像素、72ppi的圖片的結果（「3-06-01」檔案夾＞「01-1000px_72ppi.psd」）

加入1000×1000像素、300ppi的圖片的結果（「3-06-01」檔案夾＞「02-1000px_300ppi.psd」）

配置圖片

要在字符裡配置圖片，有以下4種方法可以使用（Glyphs
的用語是「加入」，不過這裡改稱為「配置」）。

※ 無論用哪種方法，每個字符只能配置一張圖片。若字符裡已
經有圖片，配置新的圖片時，舊有的圖片會被刪除。

● 將圖檔直接拖曳到編輯畫面

將圖檔直接拖曳到作業中的編輯畫面裡。這種方式每次
只能配置1張圖片。

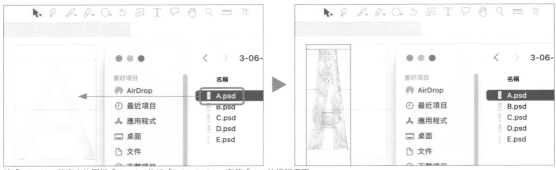

將「3-06-02」檔案夾的圖檔「A.psd」拖進「3-06.glyphs」字符「A」的編輯畫面

● 將圖檔拖曳到字型畫面

將圖檔拖曳到字型畫面裡的字符上。這種方式每次只能
配置1張圖片。

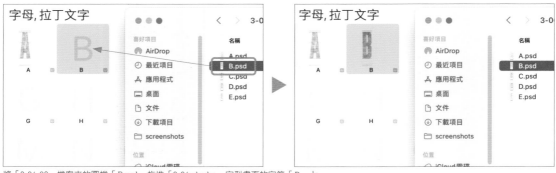

將「3-06-02」檔案夾的圖檔「B.psd」拖進「3-06.glyphs」字型畫面的字符「B」上

● 在編輯畫面執行「加入圖片」

在編輯畫面執行「字符 > 加入圖片」，選取要配置的圖片檔案。這種方式每次只能配置1張圖片。

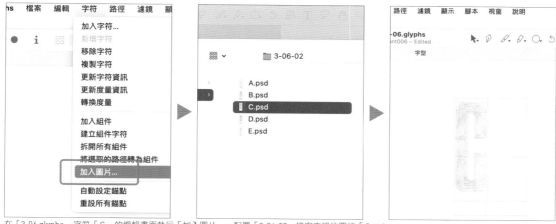

在「3-06.glyphs」字符「C」的編輯畫面執行「加入圖片」，配置「3-06-02」檔案夾裡的圖檔「C.psd」

● 在字型畫面執行「加入圖片」

在字型畫面選取多個字符的狀態下，執行「字符 > 加入圖片」，選取要配置的圖檔。這種方式每次可以配置多張圖片。

※ 在字型畫面選取的字符數與讀入的圖片數量可以不一致。

若選取的圖檔檔名（不含副檔名的部分）與在字型畫面上選取的字符同名，則圖檔會自動配置在對應的同名字符。例如圖片「A.psd」會配置到「A」字符，圖片「a-hira.pdf」則會配置到「a-hira」字符（大、小寫字母必須一致）。

若圖檔名稱與字符名稱不一致時，則圖片會配置到每個選取中的字符（選取多個字符時，則依序配置到每個字符）。

右圖是將「3-06-02」檔案夾內的圖檔「A.psd」至「E.psd」配置到「3-06.glyphs」字型畫面同名字符的範例。

※ 譯註：設計英文大小寫字母時，因為字符名稱單純只是大小寫不同（如「A」與「a」），但macOS不允許同一個檔案夾裡有大小寫不同的相同檔名同時存在。可以故意使用不同的圖片格式管理大小寫的圖檔（如「A.psd」與「a.png」），或是把大小寫的圖片檔分別放在不同檔案夾裡管理。

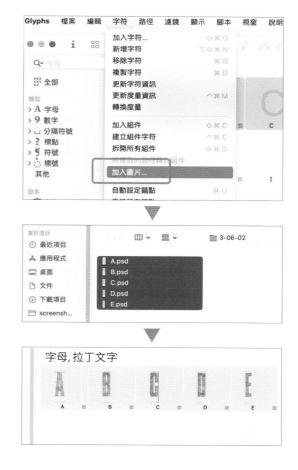

另外，Glyphs檔案裡實際上只會儲存圖檔的相對路徑。
若在配置圖片後搬移、改圖檔名，則會顯示成破圖。

調整圖片

配置好的圖片可以拖曳移動。也可以在選單、控制盤側
欄執行移動、變形、旋轉等操作。

若在右側資訊面板（右圖的紅框）進行調整，基準點會是
圖片的左下角位置。而右側面板（右圖的綠框）只會顯示
當下的座標與尺寸，無法輸入數值。

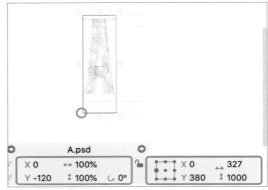

在右側資訊面板進行移動、變形操作時，基準點是左下角

鎖定圖片

選取圖片後，在右鍵選單執行「鎖定圖片」後，圖片就
不能被選取與修改。或是點選右側資訊面板的 🔒 圖示也
可以進行鎖定。

要解除鎖定，可在右鍵選單執行「解除鎖定圖片」。

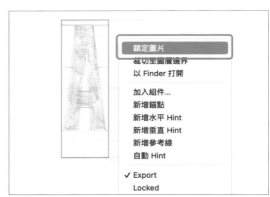

在右鍵選單執行「鎖定圖片」

裁切圖片

選取圖片後，執行右鍵選單的「裁切至圖層邊界」，字符超過字身框的部分會被切掉。

※ 若要在裁切後仍看到完整的圖片，應先將圖片縮放到字身框內範圍，再執行「裁切至圖層邊界」。

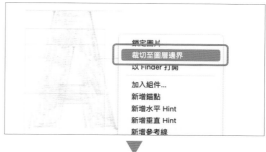

顯示／隱藏圖片

要切換顯示／隱藏圖片，可勾選／移除勾選「顯示＞顯示圖片」選項。

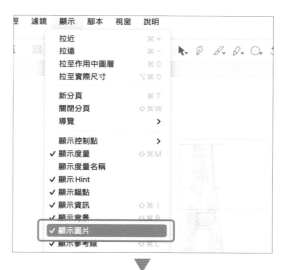

路徑相關主要操作

02　選取控制點與線段 →p.037

● 選取控制點 →p.038

選取（點擊）	點擊控制點
解除選取	點擊空白處
新增選取（點擊）	shift+點擊
解除部分選取（點擊）	按著shift點擊要解除的控制點
選取（拖曳）	包圍控制點進行拖曳
新增選取（拖曳）	shift+包圍控制點進行拖曳
解除部分選取（拖曳）	shift+包圍要解除的控制點進行拖曳
只選取線上控制點	option+包圍控制點進行拖曳
選取下一個控制點	選取控制點時按tab（shift+tab則是前一個控制點）

● 選取線段 →p.041

選取	點擊線段
新增選取	shift+點擊線段

● 選取路徑 →p.042

選取	點兩下路徑
新增選取	shift+點兩下路徑
選取全部	編輯 > 全選（command+A）

03　移動控制點 →p.043

移動線上控制點	拖曳（可同時拖曳多個）
移動線外控制點	拖曳（可同時拖曳多個）
水平或垂直移動線上控制點	shift+拖曳
維持控制桿角度水平或垂直	shift+拖曳控制桿
固定控制桿角度調整長度	option+拖曳控制桿
固定控制桿移動線上控制點	option+拖曳線上控制點
維持兩端控制桿等長	control+option+拖曳控制桿
調整曲線線段的彎度	用滑鼠按鍵按住要調整的線段拖曳
調整曲線線段的彎度並固定控制桿角度	option+用滑鼠按鍵按住要調整的線段拖曳

移動路徑	選取整個路徑拖曳移動（可按shift限制移動方向）
拖曳複製路徑	選取整個路徑後按著option拖曳移動路徑（拖曳前就要按下option，可按shift限制移動方向）
以方向鍵移動控制點、線段、路徑	方向鍵（1單位）、shift+方向鍵（10單位）、command+方向鍵（100單位）

04　變更線段的種類 →p.048

將曲線線段改為直線線段	選取控制桿後delete
將直線線段改為曲線線段	按著option點選直線線段

05　切換控制點類型 →p.049

將平滑控制點改為角落控制點	點兩下平滑控制點
將角落控制點改為平滑控制點	點兩下角落控制點

06　控制點的切斷與連接 →p.050

切斷控制點	用繪圖工具點擊線上控制點
連接控制點①	將末端控制點拖到另一個末端控制點上
連接控制點②	選取兩個末端控制點，執行右鍵選單「連接控制點」（會以直線線段接起來）
關閉開放的路徑	選取路徑一部分，執行右鍵選單「關閉開放的路徑」

07　路徑的切斷與連結 →p.053

切斷路徑	用小刀工具拖曳貫穿封閉路徑
切斷線段	用小刀工具拖曳貫穿1條線段
連結路徑	用小刀工具拖曳連起兩個封閉路徑

08　控制點的刪除與新增 →p.055

刪除線上控制點①	選取線上控制點後按delete（若是平滑控制點，會自動盡量調整到維持原來的曲線）
刪除線上控制點②	用橡皮擦點擊線上控制點

09　極點、反曲點 →p.056

加上極點（自動）	路徑＞加上極點
加上極點（手動）	用繪圖工具，按著shift點擊線段
新增反曲	用繪圖工具，按著shift點擊線段

10　路徑方向 →p.058

逆轉路徑方向	選取路徑後執行「路徑 > 逆轉外框」（control+option+command+R）或右鍵選單的「逆轉選取外框的方向」
修正路徑方向	「路徑 > 修正路徑方向」（shift+command+R）
修正所有主板的路徑方向	option+「路徑 > 在所有主板修正路徑方向」（option+shift+command+R）

11　以數值設定位置與尺寸 →p.061

以數值指定控制點位置	在資訊面板右側的「X」欄與「Y」欄輸入數值
以數值指定多個控制點位置	選取基準點後在「X」欄與「Y」欄輸入數值
以數值指定多個控制點的尺寸	選取基準點後在「↔」欄與「↕」欄輸入數值

12　複製、貼上 →p.063

複製	選取路徑執行「編輯 > 複製」（command+C）
貼上	「編輯 > 貼上」（command+V）

13　繪製新路徑 →p.064

● **繪圖工具** →p.064

畫直線線段	點擊
關閉路徑	點擊起點的控制點
繪製水平線段	shift+ 點擊
繪製曲線線段	繪製控制點時按住並拖曳（往路徑前進方向）
繪製角落控制點	繪製控制點時按下 option+ 拖曳
移動正在加入的控制點	space+ 拖曳
限制控制桿角度水平或垂直	shift+ 拖曳

● **徒手畫筆工具** →p.066

繪製路徑	拖曳

● **多邊形工具（矩形工具、畫圓形工具）** →p.066

以拖曳方式繪製	斜向拖曳
指定長寬數值畫出圖形	shift+ 拖曳
從中心為起點繪製	option+ 拖曳

14　旋轉與縮放 →p.068

● **旋轉工具** →p.068

旋轉	點擊設定中心軸後拖曳
旋轉時限定水平或垂直方向	按著 shift 拖曳（以按下時起算的每90度單位）

● **放大縮小工具**→p.069

縮放	點擊設定基準點後拖曳
縮放時限定水平或垂直方向	按著 shift 拖曳

15　使用控制盤側欄變形路徑→p.070

● **鏡射**→p.071

左右鏡射	按下 ▯◁ 按鈕
上下鏡射	按下 ☲ 按鈕

● **縮放**→p.071

放大	設定數值後，按下 ◱ 按鈕
縮小	設定數值後，按下 ◲ 按鈕

● **旋轉**→p.072

向右轉	設定數值後，按下 ↻ 按鈕
向左轉	設定數值後，按下 ↺ 按鈕

● **傾斜**→p.073

向右傾斜	設定數值後，按下 ▨ 按鈕
向左傾斜	設定數值後，按下 ▨ 按鈕
向上傾斜	設定數值後，按下 ◲ 按鈕
向下傾斜	設定數值後，按下 ◲ 按鈕

● **對齊**→p.073

對齊左側	按下 ▐ 按鈕
對齊水平中央	按下 ▥ 按鈕
對齊右側	按下 ▌ 按鈕
對齊上側	按下 ▜ 按鈕
對齊垂直中央	按下 ▥ 按鈕
對齊下側	按下 ▟ 按鈕

● **邏輯處理**→p.074

合併重疊的外框	按下 ◫ 按鈕
減去選取或上層的路徑	按下 ◫ 按鈕
留下選取或與上層路徑的交集	按下 ◫ 按鈕

● **筆畫**→p.076	
設定線寬	在「W」欄、「H」欄以數值指定
筆畫位置：路徑左側	按下 ⬚ 按鈕
筆畫位置：路徑兩側	按下 ⬚ 按鈕
筆畫位置：路徑右側	按下 ⬚ 按鈕
塗滿內側	勾選「塗滿」
將筆畫轉換為路徑	執行右鍵選單「擴展外框」
筆畫樣式：平頭	按下 ⬚ 按鈕
筆畫樣式：方頭	按下 ⬚ 按鈕
筆畫樣式：圓頭	按下 ⬚ 按鈕
筆畫樣式：內圓頭	按下 ⬚ 按鈕
筆畫樣式：切齊縱軸或橫軸	按下 ⬚ 按鈕
遮罩（挖空下層的路徑）	勾選「遮罩」
調整路徑的順序	「遮罩＞路徑/組件順序」開啟視窗拖曳調整順序後按「Reorder」

16　以「路徑」選單進行變形→p.081

● **變形**→p.081	
移動	在「X」欄、「Y」欄指定數值後按「好」
縮放	選取基準點，在「↔」欄、「↕」欄指定數值後按「好」
維持長寬比縮放	選取基準點，將鎖頭固定在鎖定狀態（🔒）後，在「↔」欄指定數值並按「好」
傾斜	選取基準點，在「傾斜」欄指定數值後按「好」
● **對齊選取處**→p.085	
對齊選取的控制點	在控制盤側欄選取基準點後，執行「路徑＞對齊選取處」

17　以「濾鏡」選單進行路徑變形→p.086

● **拉凸效果**→p.086	
製作只有前方陰影的路徑	不要勾選「Don't Subtract」，輸入「偏移量」欄、「角度」欄位值
製作包含前後陰影的路徑	勾選「Don't Subtract」，輸入「偏移量」欄、「角度」欄位值
● **線條填滿外框**→p.087	
製作平行的開放路徑	不要勾選「產生平移線寬」，輸入「起點」、「線條距離」、「角度」的值後按「好」
製作平行的封閉路徑	勾選「產生平移線寬」，輸入「起點」、「線條距離」、「角度」的值後按「好」

● **計算曲線偏移**→p.088

偏移路徑	不要勾選「建立為筆畫」，輸入「水平方向」、「垂直方向」的值後按「計算偏移」
建立原來路徑的兩端偏移出的路徑	勾選「建立為筆畫」，輸入「水平方向」、「垂直方向」的值後按「計算偏移」 ※可在「位置」欄設定左右的偏移比率 ※控制點數量與偏移之前的路徑保持對應，則要勾選「保持相容性」 ※可按 ←○ ←○ ○← ○← ↘ 按鈕選擇筆畫尖端的形狀（限開放路徑）

● **邊緣粗糙化**→p.091

邊緣粗糙化	指定「粗糙顆粒長度」、「水平方向」、「垂直方向」、「角度」的值後按「邊緣粗糙化」

● **圓角工具**→p.092

轉為圓角	指定「半徑」值後按「好」 ※勾選「視覺修正」隨著銳角還是鈍角適當調整圓度

18　開放角落／重新連接控制點→p.093

開放角落	在控制點上執行右鍵選單「開放角落」
重新連接控制點	選取兩個控制點，在右鍵選單執行「重新連接控制點」

19　路徑的聚焦與鎖定→p.096

● **聚焦**→p.096

聚焦	選取路徑一部分（控制點亦可）後執行右鍵選單「聚焦於選取的路徑」
解除聚焦	執行右鍵選單「取消路徑聚焦」

● **鎖定路徑**→p.097

鎖定路徑	選取路徑一部分後執行右鍵選單「鎖定路徑」
解除鎖定路徑	在鎖定的路徑的控制點上，開啟右鍵選單執行「路徑解除鎖定」

● **鎖定**→p.098

鎖定	勾選右鍵選單「Locked」
解除鎖定	再次點選右鍵選單「Locked」取消勾選

20　參考線→p.099

● **磁性參考線**→p.099

磁性參考線	拖曳控制點時會自動顯示 ※按著control拖曳控制點可停用吸附功能

● **區域參考線、全域參考線**→p.100

建立水平的區域參考線	在右鍵選單執行「新增參考線」
建立通過2個控制點的區域參考線	選取兩個控制點後，在右鍵選單執行「新增參考線」

選取區域參考線	點選參考線上的圓圈
刪除區域參考線	選取參考線後按delete鍵
鎖定區域參考線	選取參考線後執行右鍵選單的「鎖定參考線」
解除鎖定區域參考線	在鎖頭處執行右鍵選單的「解除鎖定參考線」
拖曳移動區域參考線	拖曳參考線上的圓圈
用方向鍵移動區域參考線	選取參考線後按方向鍵 ※shift鍵＋方向鍵每次移動10單位、command鍵＋方向鍵每次移動100單位
指定數值移動區域參考線	選取參考線後在右側資訊面板「X」、「Y」欄位指定數值
將區域參考線旋轉90度	點兩下參考線上的圓圈
指定數值旋轉區域參考線	選取參考線後在右側資訊面板 ↻ 欄位指定數值
修改區域參考線的基準位置	選取參考線後在右側資訊面板點選 ⊷ ⊶ ⊷ 按鈕
建立全域參考線	選取區域參考線後在右鍵選單執行「建立全域參考線」
將全域參考線轉換為區域參考線	選取區域參考線後在右鍵選單執行「建立區域參考線」

● **測量參考線**→p.106

轉換為測量參考線	選取區域參考線或全域參考線，按下右側資訊面板的 ▭ 按鈕
解除測量參考線	選取測量參考線，按下右側資訊面板的 ▭ 按鈕

21　背景→p.108

切換至背景	在一般圖層狀態下，執行「路徑＞編輯背景」(command+B)
切換顯示／隱藏背景	點選「顯示＞顯示背景」(shift+command+B)
對調工作圖層與背景	執行「路徑＞與背景互相對調」(control+command+J)
清除背景	按option鍵點選「路徑」選單，執行「路徑＞清除背景」
將選取範圍設為背景	在一般圖層選取路徑，執行「路徑＞將選取範圍設為背景」(command+J) ※ 若複製時不想刪除背景上原有的路徑，則要按著option鍵執行「路徑＞將選取範圍加入背景」(option+command+J)
將其他Glyphs檔案的路徑複製到背景	點選「路徑＞指定背景…」開啟對話方塊，選取Glyphs檔案後按「OK」

22　圖層→p.112

切換顯示的圖層	在圖層面板點選圖層名稱
建立備份圖層	在圖層面板選取既有的圖層後按「＋」
修改備份圖層的名稱	點兩下圖層名稱
刪除備份圖層	選取圖層後按「－」
對照顯示圖層	點選眼睛符號至睜眼 👁 狀態
對調備份圖層與主板圖層	選取備份圖層後，在 ⚙ 選單（或右鍵選單）執行「做為主板」

只顯示選取的圖層與其備份圖層	選取圖層後，在 ☰ 選單點選「僅顯示目前主板的圖層」
隱藏備份圖層	在 ☰ 選單點選「隱藏備份圖層」 ※ 再次執行可解除

23　組件→p.116

● 製作組件字符→p.117

新增組件	在編輯畫面點選右鍵選單「加入組件…」，從列表選取組件後按return（或點兩下）
啟用／停用組件自動就定位	在組件上點選右鍵選單的「啟用組件自動就定位」或「停用組件自動就定位」
鎖定／解除鎖定組件	在組件上點選右鍵選單的「鎖定組件」或「解除鎖定組件」
編輯組件內容	點兩下組件，或是選取組件後按下右側資訊面板的 ◐ 按鈕
將字符裡所有組件拆開成外框	執行「字符＞拆開所有組件」（shift+command+D）
將一部分組件拆開成外框	執行右鍵選單的「拆開此組件」

● 錨點→p.123

新增錨點	在右鍵選單執行「新增錨點」
移動錨點	拖曳或是在資訊面板指定數值
組件就定位	選取組件後執行右鍵選單的「啟用組件自動就定位」

24　角落組件→p.125

套用角落組件	選取角落控制點，在右鍵選單執行「新增角落組件」，從列表選取組件後按return（或點兩下）
刪除角落組件	選取角落組件後按delete
變更角落組件	在右側資訊面板點選字符名稱後，從列表重新選取
編輯角落組件的路徑	點選右側資訊面板右上的 ◐ 按鈕
縮放角落組件	修改右側資訊面板 ↔、↕ 欄位的數值
將左下角用的角落組件套用在右下角	將右側資訊面板的 ↔ 或 ↕ 改為負值 ※ 或在控制盤側欄點選 ⋈ 或 ⋈（鏡射按鈕）
複製角落組件	選取角落組件執行「編輯＞複製」（command+C）
貼上角落組件	選取線上控制點後執行「編輯＞貼上」（command+V）
將角落組件解開成外框	選取角落組件執行右鍵選單的「解開角落組件」
調整角落組件變形的方向	點選右側資訊面板的 ⊬ ⊬ ⊢ ✕ 按鈕
角落組件的名稱	以「_corner.」開始的名稱
繪製角落組件的路徑	起點是垂直的平滑控制點，X座標為0；終點結束於水平的線段，Y座標為0，X座標大於0
設定基準點的錨點	錨點名稱應為「origin」

配合傾斜字幹調整形狀	加入名為「left」或「right」的錨點（X座標對齊原點，Y座標在原點與路徑起點之間）

25　筆帽組件→p.132

套用筆帽組件	選取2個控制點，在右鍵選單執行「新增筆帽組件」，從列表選取組件後按return（或點兩下）
切齊筆帽組件	勾選右側資訊面板的「切齊」
縮放筆帽組件	修改右側資訊面板 ↔、↕ 欄位的數值
將筆帽組件解開成外框	選取筆帽組件執行右鍵選單的「解開筆帽組件」
筆帽組件的名稱	以「_cap.」開始的名稱
繪製筆帽組件的路徑	起點是垂直的平滑控制點，X座標為0；終點也是垂直的平滑控制點。起終點的寬度要配合套用處的字幹寬度繪製

26　線段組件→p.137

套用線段組件	選取線段，在右鍵選單執行「新增線段組件」，從列表選取組件後按return（或點兩下）
線段組件的名稱	以「_segment.」開始的名稱
繪製線段組件的路徑	起點與終點的Y座標相同，起點、終點分別加上名為「start」、「end」的錨點

27　筆刷→p.140

套用筆刷	選取線段，在右鍵選單執行「新增筆刷」，從列表選取組件後按return（或點兩下）
筆刷的名稱	以「_brush.」開始的名稱
繪製筆刷的路徑	想套用在起點的位置擺放「start」錨點，想套用在終點的位置擺放「end」錨點。若要套用的對象是曲線線段，則變形區域也要用曲線線段製作

28　加入圖片→p.143

檔案格式	可使用PSD、JPG、PDF、PNG、TIF、AI等格式，PDF限單一頁面，AI限單一工作區域
圖片解析度、像素數	圖片解析度72ppi、高1000像素最方便
配置圖片（新增）	將圖檔直接拖曳到編輯畫面 將圖檔拖曳到字型畫面 在編輯畫面執行「加入圖片」，選取1張圖片。在字型畫面執行「加入圖片」，可選取多張圖片
調整圖片	加入的圖片可以拖曳移動，也可以用選單、控制盤、右側資訊面板進行移動、變形、旋轉等操作
鎖定／解除鎖定圖片	選取圖片後，執行右鍵選單的「鎖定圖片」或「解除鎖定圖片」
裁切圖片	選取圖片後，執行右鍵選單的「裁切至圖層邊界」 ※若要在裁切後仍看到完整的圖片，應先將圖片縮放到字身框內範圍，再執行「裁切至圖層邊界」
顯示／隱藏圖片	點選「顯示＞顯示圖片」的勾選進行切換

Make Symbol
製作符號字型

透過製作符號字型，來體驗 Glyphs 基本的作業流程。

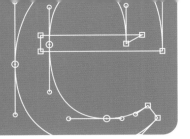

01 以多邊形工具製作符號①

 練習檔案：4-01.glyphs ／完成檔案：4-01-complete.glyphs

這個單元要在練習檔案「4-01.glyphs」製作3個字符的符號字型。首先是注音符號「ㄅ」（b-bopomofo）字符，在這裡要繪製右圖這樣的路徑（禁止進入標識）。

另外，練習檔案「4-01.glyphs」的「家族名稱」（「檔案＞字型資訊」的「字型」分頁）設為「myFont0001」。

「度量」（「檔案＞字型資訊」的「主板」分頁）則仿照一般中文字型，設定為右圖這些數值。

新增字符

開啟練習檔案「4-01.glyphs」，按下視窗下方的「＋」按鈕新增字符。

點擊視窗下方「＋」按鈕新增字符

字符名稱輸入注音符號「ㄅ」後，按下return鍵。

請確認字符名稱應該會自動變成「b-bopomofo」，且字
符類型會變成「字母，注音符號」。

※ 也可以自己輸入「b-bopomofo」，但輸入錯誤時Glyphs會
　 無法正確識別。

※ 也可以在「字符＞新增字符」新增。

將字符名稱「newGlyph」改為「ㄅ」後按return確定

設定字符寬度

接著開啟編輯畫面，在資訊面板設定字符的寬度。

※ 若沒有顯示出資訊面板，點選「顯示＞顯示資訊」。

將 ⊥ 下方的值填入1000，就能將字符寬度設定成1000
單位，也就是全形寬度。

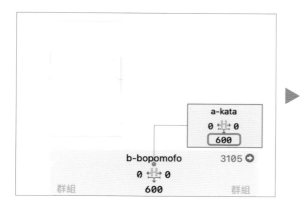

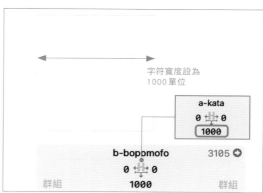

畫圓

選取「多邊形工具」的「畫圓形工具」，在畫面上往斜
向拖曳畫出橢圓。接下來還能詳細調整，所以在這裡只
要抓大致的位置、大小就可以了。

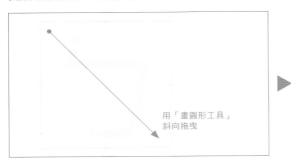 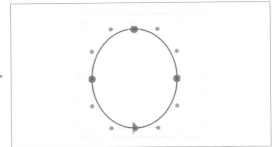

用「畫圓形工具」
斜向拖曳

調整位置與尺寸

用「選取工具」選取路徑，在右側資訊面板確認路徑的
位置與尺寸。以右圖來說，選取的路徑左上角座標是
X=101、Y=760，路徑的寬度為673單位、高度為805單
位。

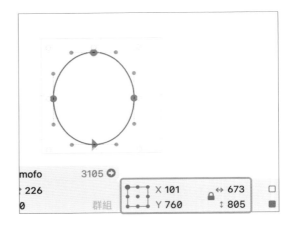

將基準點設在水平、垂直都是中央的位置，就能顯示路
徑正中心處的座標

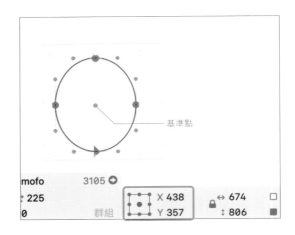

基準點

將路徑的中心點設定在字身框正中心X=500、Y=380的位置。

※這個字型的上伸部（ascender）Y座標是880、下伸部（descender）Y座標是-120，所以中央的Y座標是380。

※即使在X輸入500，X值可能會自動變成499.5或500.5。這是因為**路徑的寬度為奇數**，請將寬度改為偶數再次設定X=500。

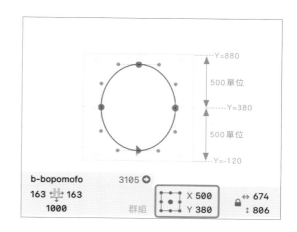

接著將高度與寬度都改為900單位。

※有顯示鎖頭 🔒 時高度跟寬度會連動，點擊鎖頭改成解鎖狀態 🔓 後就能分別設定高度與寬度的值。

※修改尺寸後，中心座標可能會改變（如下圖圈選處可能會從500變成499）。如果碰到這種情況，請再次將X的值改成500就可以了。

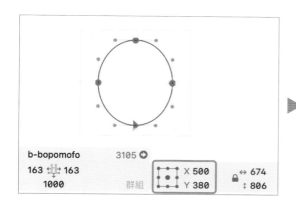

在這裡請看 ⊥ 符號左右側顯示的數值，應該左右都是50。這個值稱為左邊界、右邊界（side bearing；字符兩端到路徑兩端之間的距離）。

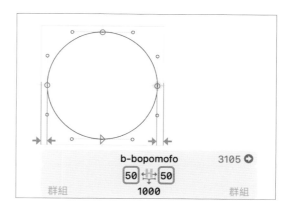

繪製長方形

接著用「矩形工具」來繪製長方形。基準點一樣設在
上下、左右中心,用跟先前畫圓一樣的方法設定位置為
X=500、Y=380。尺寸則設為寬680、高160。

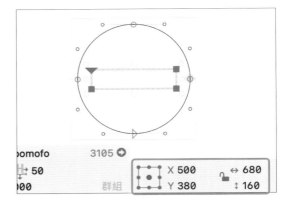

預覽確認並修正路徑方向

請在編輯畫面下方的預覽畫面確認結果。

※ 若沒有顯示預覽畫面,可點擊視窗左下的 ◉ 按鈕顯示。

※ 也可以在作業時按著space鍵臨時切換成預覽顯示。

這時長方形部分應該沒有顯示成挖空,這是因為路徑方
向不正確。

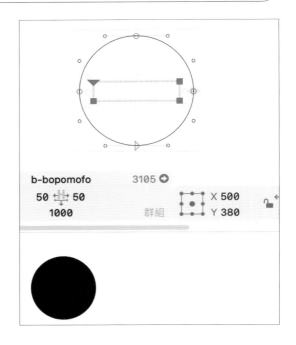

執行「路徑＞修正路徑方向」，長方形路徑的路徑方向
就會自動修正（逆時針→順時針），這樣長方形部分就會
挖空顯示了。

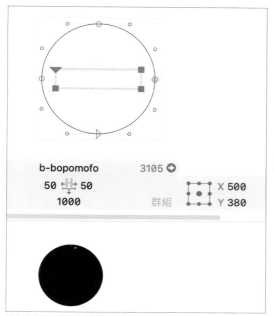

長方形路徑的路徑方向是逆時針

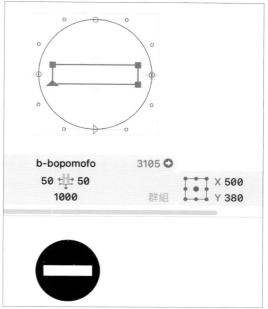

路徑方向修正為順時針，顯示成挖空

匯出字型檔案

接著使用「檔案＞匯出…」（command+E）來匯出字型
檔案。

在匯出對話方塊的「OTF」分頁中，各項目設定如右圖鎖示。

※ 請不要勾選「測試安裝」。

匯出位置請選擇「桌面」後執行匯出。

「測試安裝」請不要打勾

這樣名為「myFont0001-Regular.otf」的字型檔案就會匯出到桌面上了，直接安裝它使用看看吧。下圖是在 Mac 文字編輯使用的情形。

輸入「ㄅ」並選取文字套用字型

可確認文字以製作的字型顯示出來了

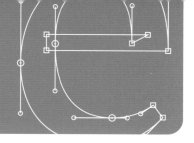

以多邊形工具製作符號②

接下來要製作注音符號「ㄆ」（p-bopomofo）的字符，這裡要繪製右圖這樣的路徑（單行道標識）。

在製作路徑之前，將練習檔案「4-01.glyphs」的「家族名稱」（「檔案 > 字型資訊」的「字型」分頁）改為「myFont0002」。

※ 因為安裝同樣名稱的字型，新的字符可能會無法正常生效。

※ 譯註：因為 Mac 的字型快取機制，同名的字型在完全重新開機之前，永遠會讀取到最初的快取。但畢竟重新開機相當麻煩，所以習慣上會像這樣每次匯出時修改流水號，當作不同的字型來進行測試，之後再從字體簿一口氣移除。

將「家族名稱」改為「myFont0002」

新增字符並更改字符寬度

新增「ㄆ」字符後，請確認字符名稱有變為「p-bopo-mofo」。

接著來修改字符寬度，這次試著在字型畫面設定。

新增「p-bopomofo」字符

選取「p-bopomofo」字符，將畫面左側灰色區域 ⬚ 符號處下方顯示的數值從 600 改為 1000。

※ 若無法正常選取字符，可以先選取「b-bopomofo」後再次選取「p-bopomofo」。

※ 用這個方法，可以在字型畫面一口氣修改多個字符的字符寬度。

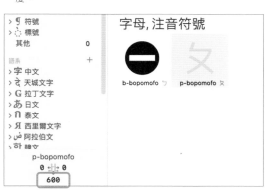

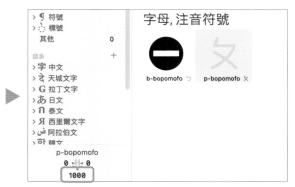

選取「p-bopomofo」後將字符寬度的數值從 600 改成 1000

繪製外側的路徑

接著打開「p-bopomofo」的編輯畫面開始繪製路徑。

使用矩形工具點擊編輯畫面，會出現對話方塊。輸入「寬度」900、「高度」560，可畫出指定尺寸的長方形。

※ 點擊的位置會是畫出的長方形的左下角。

輸入寬度900、高度560

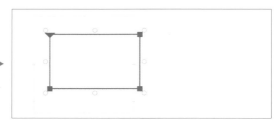
會畫出指定尺寸的長方形路徑

路徑畫好後，指定路徑正中心的座標為X=500、Y=380。

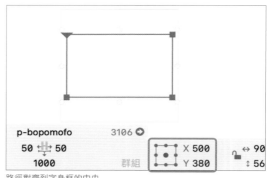
路徑對齊到字身框的中央

接著使用「濾鏡＞圓角工具」對長方形設定圓角。

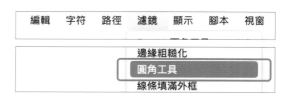

在這裡將半徑設為60。

若勾選「視覺修正」，則銳角半徑會自動縮小、鈍角半徑會自動放大，得到更自然的結果。

這裡勾選「視覺修正」

繪製箭頭部分

箭頭部分要分成兩個路徑來繪製。

● 繪製箭頭棒子的部分（長方形路徑）

首先先製作寬560、高160的長方形，將路徑左側、垂直
中央的座標設在X=120、Y=380處。

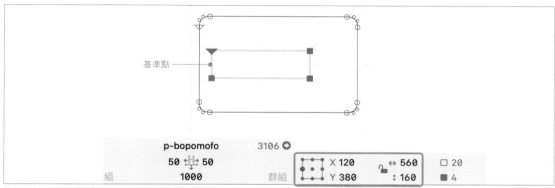

基準點設在左側、垂直中央處，Y設定為380，路徑就能對齊字身框的垂直中央

● 繪製箭頭尖端的多邊形路徑

選取「繪圖工具」，直接點擊畫面，用4個線上控制點畫
出路徑。繞一圈後，滑鼠游移到起點位置附近時，游標
會變成 ♠. 的形狀。在這個狀態下再點擊一次，路徑就會
封閉。

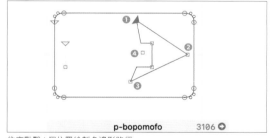

依序點擊4個位置繪製多邊形路徑

接著調整控制點的位置。請將各控制點調整到右圖座標
的位置。

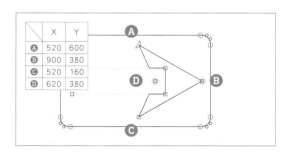

	X	Y
A	520	600
B	900	380
C	520	160
D	620	380

※ 拖曳移動或以方向鍵移動控制點途中，若對齊到基準線或其
他控制點時，會顯示出磁性參考線，可參考磁性參考線進行
作業。

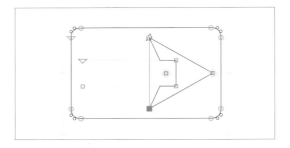 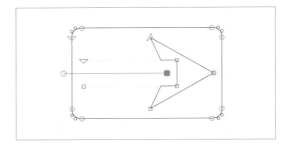

接下來雖然想要來合併內側兩個路徑，但這裡又有所考
量。

將外框合併起來，雖然能讓結構比較簡單，但之後若還
要調整路徑，就會波及到無關的線段了。例如合併外框
後，若想將箭頭棒子的部分調細，無論如何鄰接的斜線
角度都會被改到。若考慮未來修改的可能性，希望能找
個地方儲存合併之前的路徑。

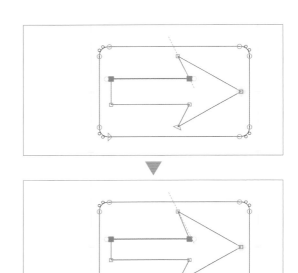

調細箭頭的棒子部分，就會改到鄰接斜線的角度

● **將路徑存到備份圖層**

這個時候會派上用場的就是用來儲存各種設計方案以及
歷程的「圖層」功能（見Chapter3-22）。

在控制盤側欄的圖層面板，選取主板圖層（本範例是
Regular）後按「＋」按鈕，建立出備份圖層。備份圖層
會保存與主板圖層相同的路徑，日後有需要隨時可以使
用。

備份圖層會存有與主板圖層相同的路徑

● 合併兩個路徑

接著回到主板圖層繼續工作，要來合併構成箭頭的兩條
路徑（長方形路徑與箭頭尖端的多邊形路徑）。

要能順利合體，必須先讓**兩條路徑的方向一致**。因為這
裡是挖空的部分，照理來說應該讓兩條路徑都調成順時
針後進行合併（Glyphs 2 可以正常執行）。但 Glyphs 3
（3.1）合併順時針路徑似乎會有問題。

所以在這裡姑且先選取箭頭尖端的路徑，執行「路徑＞
逆轉外框」（或右鍵選單「逆轉選取外框的方向」）將路徑
改為逆時針方向。在預覽（可按 space 臨時切換）畫面可看
到整個圖案都顯示成塗黑狀態。

將兩者都轉換成逆時針路徑

預覽可看到圖案整個塗黑

選取這兩條路徑，按下控制盤側欄下方的 ⊡（合併重疊的外框）按鈕合併它們。

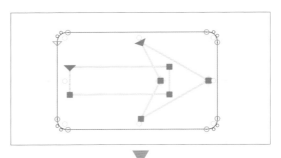

以控制盤側欄合併路徑

● 修正路徑方向

接著執行「路徑 > 修正路徑方向」調整路徑方向。為了安全，最好在預覽確認是否修正正確。

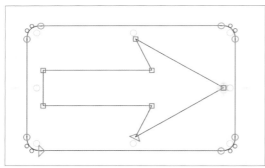

確認箭頭路徑是否已是順時針

在預覽畫面也確認一下

● 設定圓角

接著來處理圓角。像右圖這樣包圍兩個控制點拖曳，將它們選取起來（也可以先選一個控制點後，再用 shift+點擊的方式新增選取另一個）。

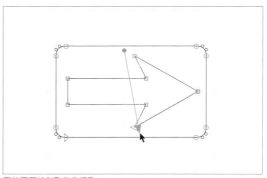

圍住兩個控制點拖曳選取

點選「濾鏡 > 圓角工具」開啟對話方塊,勾選「視覺修正」,在「半徑」輸入40並執行。

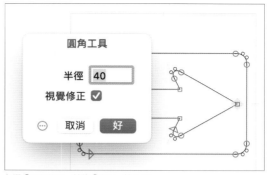

以上,這個字符就繪製完成了。

勾選「視覺修正」並將「半徑」輸入40

● 確認備份圖層

在這裡來稍微確認一下先前儲存的備份圖層。

在控制盤側欄的圖層面板選取備份圖層,會顯示出儲存的路徑。

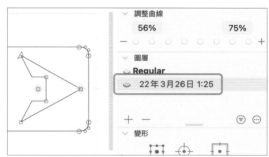

選取備份圖層,會顯示出儲存的路徑

若在右鍵選單執行「做為主板」,就可以從這個路徑開始重新進行作業(在這裡不執行)。

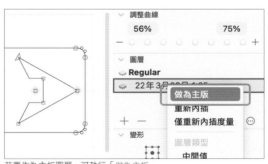

若要作為主板圖層,可執行「做為主板」

匯出字型檔案

執行「檔案 > 匯出 …」（command+E）來匯出字型檔案吧。

「myFont0002-Regular.otf」輸出完成後，直接安裝起來試試看。下圖是在 Mac 文字編輯使用的樣子。

輸入「ㄆ」後選取文字套用字型

能看到在這裡製作的字型顯示出來了

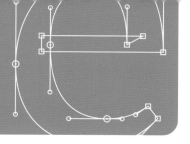

03 以繪圖工具 製作符號

 練習檔案：4-01.glyphs ／完成檔案：4-01-complete.glyphs ／底稿圖檔：4-01-img.psd

接著要在「ㄇ」字符繪製如右圖的符號。

這個符號要試著描底稿來繪製。右圖是底稿用的圖檔「4-01-img.psd」（以 Photoshop 開啟的畫面）。圖片解析度是 72ppi，尺寸則是 1000×1000 像素。

接著就開始 Glyphs 的作業吧。

在製作路徑之前，請將練習檔案「4-01.glyphs」的「家族名稱」（「檔案＞字型資訊」裡的「字型」分頁）改為「myFont0003」。

將「家族名稱」改為「myFont0003」

接著加入「ㄇ」字符（名稱是「m-bopomofo」），並將字符寬度設為 1000。

新增「m-bopomofo」，並將字符寬度設為 1000

chapter 4

配置底圖並鎖定

● 配置圖片

在編輯畫面執行「字符 > 加入圖片」，選取圖檔「4-01-img.psd」，將它配置到畫面上。因為是標準72ppi、1000×1000像素的圖片，應該是能直接剛剛好放進字身框裡。

※ 若有需要，可以在這個階段適當縮放圖片與調整位置（這個範例中應該沒有必要）

配置圖檔「4-01-img.psd」

● 鎖定圖片

為了避免不小心編輯到底圖，在右鍵選單執行「鎖定圖片」。

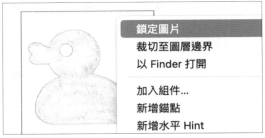

在右鍵選單執行「鎖定圖片」

製作身體部分的路徑

● 繪製多邊形的路徑

用繪圖工具來製作身體部分的路徑。要直接從曲線動手描繪會比較困難，可以像右圖這樣用點擊的方式先畫出多邊形。在❹的位置按著 shift 點擊，可確保❸❹之間的線段是水平的。

※ 事後要進行在路徑上新增、刪除控制點之類的調整很簡單，所以在這個階段並不用太在意形狀的正確性。

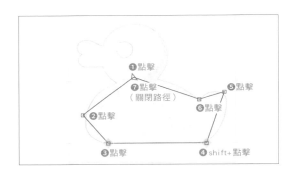

174

● 轉換成曲線線段

按住 option 後點選想要轉換成曲線的線段，會長出控制桿。

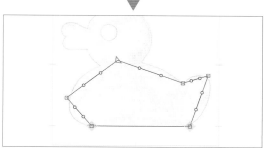

option+點擊可轉換成曲線線段

● 切換成平滑控制點

這時，所有線上控制點都還是角落控制點。在這裡對需要的控制點都點兩下，切換成平滑控制點。

※ 角落控制點會以藍色正方形顯示，點兩下後會切換成綠圈顯示的平滑控制點。但起始控制點會以三角形顯示，只有顏色會從藍色變成綠色。

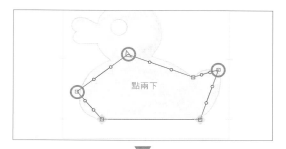

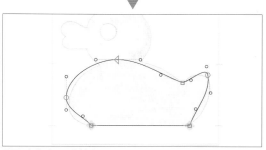

點兩下切換成平滑控制點

● 調整控制桿

接著調整控制桿與線上控制點，來調出理想的曲線。希望它保持水平或垂直的控制桿，則要按著 shift 拖曳。

※ 請配合需要新增線上控制點，或是移除不需要的線上控制點，來完成這個路徑。

※ 若希望留下調整過程的路徑，可以製作備份圖層。

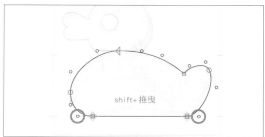

希望保持水平的控制桿則按 **shift+ 拖曳**

繪製頭部與眼睛的路徑

頭部與眼睛的路徑則用畫圓形工具來繪製。可以按著 option 從圓心處向外拖曳，拖曳中按著 shift 鍵，可確保畫出來的是寬度、高度相同的正圓。

※ 路徑方向的修正可以等到畫完所有路徑後再來確認與修正。

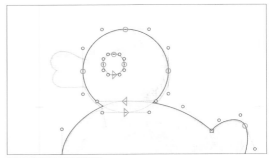

使用畫圓形工具繪製路徑

繪製鳥嘴的路徑

鳥嘴的部分則與身體一樣，使用繪圖工具來繪製。

先畫出多邊形，將需要的位置轉換成曲線線段後，再將要維持平順的線上控制點切換成平滑控制點。

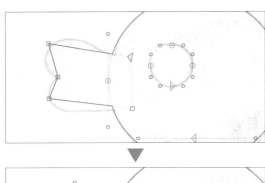

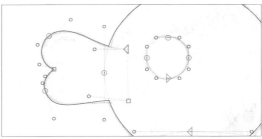

繪製多邊形，再轉換成曲線線段、平滑控制點調整

● 製作反曲點

外框呈現S形的線段，應該加上反曲點（ch3-09）。使用「繪圖工具」在線段上（彎曲方向改變處的附近）按著 **shift+點擊**。

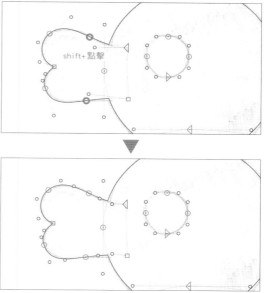

S形線段就能加上反曲點了

● 加上極點

執行「路徑＞加上極點」，對路徑加上極點（ch3-09）。

※ 若想手動加上極點，可以在需要加上極點的曲線線段上，使用繪圖工具 **shift+點擊**。

※ 在路徑製作的階段就盡量以水平、垂直方式繪製控制桿，可以減少需要加入的極點。

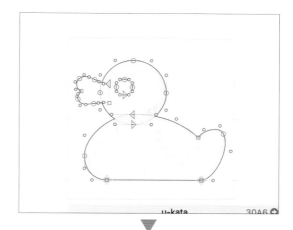

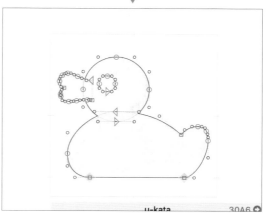

執行「路徑＞加上極點」加入極點

● 整理路徑

在前一個作業中，加入的極點有可能被加在其他現有控制點的附近。鄰近的控制點距離若太近，之後會不太容易進行調整，最好配合需要整理一下路徑。

優先留下極點，用選取工具選取附近既有的線上控制點後按下delete刪除。如ch3-09所說明，Glyphs在刪除平滑控制點的時候，會盡量自動調整以維持原來的路徑形狀，應該不會造成太大的影響。

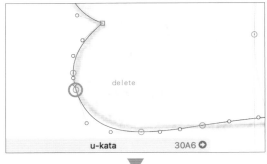

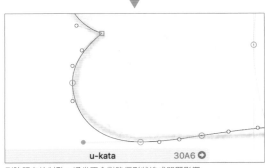

刪除既有控制點，通常不會對路徑形狀造成明顯影響

● 預覽確認並修正路徑方向

最後在預覽畫面確認效果，這時應該會發現眼睛部分沒有被挖空。

請執行「路徑＞修正路徑方向」。這樣應該就會顯示成右下圖的樣子了。

執行「路徑＞修正路徑方向」

匯出字型檔案

使用「檔案 ＞ 匯出 ⋯」（command+E）匯出字型檔案看看吧。

「myFont0003-Regular.otf」輸出完成後，直接安裝起來試試看。下圖是在 Mac 文字編輯使用的樣子。

輸入「ㄇ」後選取文字套用字型

能看到在這裡製作的字型顯示出來了

以上是製作符號字型的相關說明，請務必試試看用來製作更多自己的原創字型。

在內文會用到符號的時候,通常都會將Illustrator所製作的圖像逐一嵌入吧(像是使用InDesign的錨定物件功能)。但其實用Glyphs製作成符號字型使用,往往能讓作業效率壓倒性提升。請務必試用看看。

● 排版容易

例如先做好一個「ㄅ」字符為「▶」、「ㄆ」字符為「■」的符號字型,那麼只要在排版時調整「ㄅ」、「ㄆ」這些字的字型,就能排成符號了(使用字元樣式功能作業可以更容易)。

指定字型就排好符號了

● 容易調整樣式

例如要「更改顏色」、「整批修改大小」等樣式調整都很容易。若是錨定物件,就只能逐一修改每個符號,相當繁瑣。

符號字型只要全選修改文字顏色就搞定了

嵌入圖片會變成這樣

● 容易搜尋與取代

雖然外觀是「▶」,但實際上是文字「ㄅ」,所以搜尋、取代也很容易。內嵌圖片就沒辦法這樣了。

指定要搜尋的文字與字型,就能迅速、確實找到(本圖是InDesign的搜尋/取代對話方塊)

chapter

Make Latin Font
製作歐文字型

使用目前學到的功能，試著來體驗如何設計歐文字體。

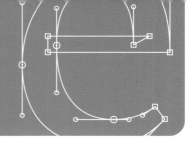

01 製作歐文字型的 準備作業

 完成檔案：5-01-complete.glyphs

在這個單元，要藉由描繪底稿的歐文字母素描，來製作歐文字體的字型。首先用Mac的預覽工具開啟圖檔「歐文手稿.png」看看。這個底稿是預期要在Glyphs裡再慢慢調整為前提繪製的，所以畫得比較粗糙。為了配置在Glyphs時不需要再進行縮放，圖片解析度設為72ppi，圖片高度則是1000像素。

在Mac的預覽程式先以長方形選取H，複製後，執行「檔案＞使用剪貼板的內容新增檔案」（command+N），複製的內容就會開啟為新圖片。將這張圖片以字符的名稱（如H.png），儲存在任意位置。重複這些動作，將H O A D n分別儲存成各自一張圖檔。

回到Glyphs，執行「檔案＞新增」（command+N），開啟新檔案。

由於下個步驟要配置圖檔，在這裡先在字型畫面裡選取有準備底稿的5個字符。覺得麻煩的話，也是可以全選所有字符。

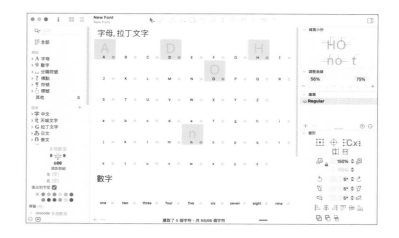

執行「字符＞加入圖片…」，一次選取剛才準備好的所有圖檔，選取的圖片應該會自動被放在適當的字符裡。

※ 要像這樣同時自動配置多張圖片時，要確保圖片檔名與字符名稱要相同（參考chapter3-28）。

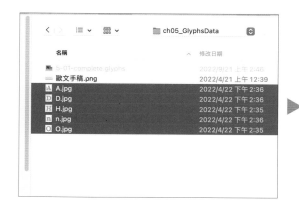
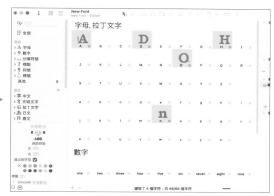

圖片的位置好像有點高，要先配合基線調整它們的垂直位置。位置調整好了以後，選取圖片，執行右鍵選單的「鎖定圖片」。其中由於大寫字母O的上下必須稍微超界，所以把它調在與字母H垂直中心對齊的位置。

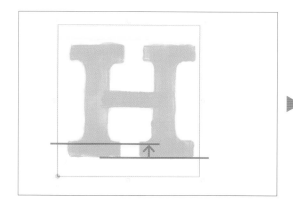

在「檔案＞字型資訊」（command+I）「主板」分頁的「度量」處，將大寫高度設定為圖片H的740單位、將x字高設定為圖片n的560單位。至於上伸部與下伸部的值，在本範例中則先保留預設值。

※ x字高實際上設定在比n上端稍微低一點的位置，這是考慮到後續在大寫字母A、O會提到的overshoot（p.184）。

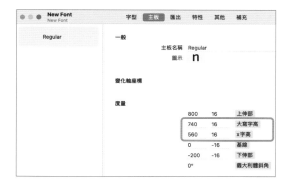

MEMO 歐文的垂直度量

歐文字體需要設定下列這些高度。

- 上伸部（h、f這些小寫字母，往上延伸部分的上緣）
- 大寫高度（大寫字母的高度）
- x字高（小寫字母的高度，因為小寫字母x通常是上下平坦的）
- 基線（Y=0處）
- 下伸部（g、p這些小寫字母，往下延伸部分的下緣）

各項的高度也必須照這個順序，例如注意不要讓大寫高度比上伸部更高。

另外，為了統一字型的大小，傳統的習慣是上伸部與下伸部的合計會設定在要等於UPM的值。例如字型的UPM為1000時，若設計的字型上下緣的合計高達2000單位，則顯示起來會有其他字型的2倍大，這不會是使用者所預期看到的字型大小。

上伸部
大寫高度
x字高
基線
下伸部

1000UPM

MEMO 對齊區域

字型資訊主板分頁裡的度量欄位，每個度量值右邊的數值稱為對齊區域。例如歐文字體中，像C這樣圓圓的字與A這種尖尖的字，如果都準確對齊在度量線上，視覺上看起來會比H之類的其他文字要小，所以設計時會刻意讓它們超界一點點。這個超界的部分稱為overshoot，在字體設計上是非常重要的環節。但是在10像素之類的小尺寸顯示時，即使凸出1個像素，看起來也會非常礙眼，對齊區域就是用來解決這個問題。在編輯畫面中，對齊區域會以淡棕底色顯示，在這範圍之內的overshoot，在小尺寸顯示時，會渲染成對齊、平坦的外觀。規格上，對齊區域的最大尺寸不能超過全形的2.5%（預設值是1.6%）。

將對齊區域設為0，這時1像素單位的overshoot看起來過於顯眼

配合overshoot的量設定足夠的對齊區域大小，渲染時就會排整齊

MEMO 之後再調成 1000UPM

實際的製作流程，像這個範例一樣高度的合計一開始就剛好是1000單位的情況是很少見的。一般來說，會先忽略高度進行字體設計，事後再用縮放之類的方式調成剛好1000單位。在「字型資訊 > 字型」分頁的「每Em單位數」處暫時輸入目前上伸部＋下伸部的合計值，接著按下旁邊的 ↘（放大縮小圖示），在對話方塊輸入1000，整個字型就會被正確縮放到1000UPM。

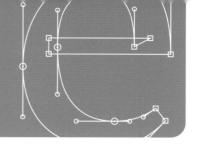

繪製大寫字母 H

在字型畫面的 H 字符點兩下，或按 command＋下方向鍵，開啟編輯畫面。

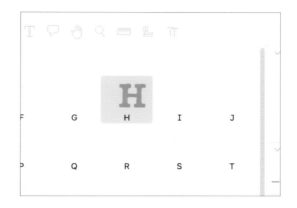

使用「多邊形工具」的「矩形工具」（H）來繪製 H 左邊的字幹。高度是從基線到大寫高度為止的 740 單位，字幹寬度可以任意，右圖範例是 150 單位。

※ 若按快捷鍵 F 出現了畫圓形工具，可按 shift＋F 切換，或是用滑鼠點選畫圓形工具後呼叫矩形工具。

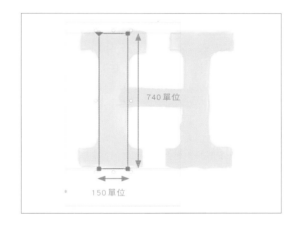

接著來畫左下的襯線。使用「繪圖工具」在字幹左邊的線段下點擊兩處，加入兩個控制點，再使用「選取工具」選取最下方的線段，向左拖曳出來。

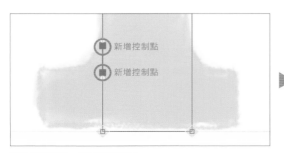

使用「繪圖工具」加入兩個控制點

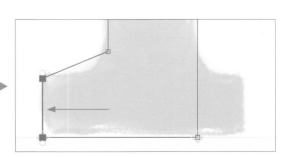

配合底圖襯線的長度進行拖曳

chapter 5

由於希望襯線是曲線造形，使用「選取工具」按住option
鍵並點擊斜線，讓它長出控制桿。移動這組控制桿，讓
襯線盡量貼近底圖的形狀。

※ 為了讓從字幹往下延伸的控制桿可以固定在垂直方向，可以
　 點兩下那個線上控制點，或是選取後按return鍵切換成平滑
　 控制點。

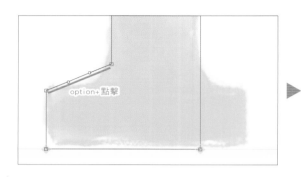
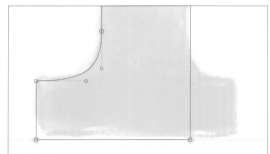

這樣雖然已經做好一個襯線了，但這個襯線是在這個字
體會多次反覆出現的元素，每次都要徒手繪製太麻煩。
所以這裡要試著將這個襯線做成角落組件，之後就可以
對其他路徑角落直接套用襯線了。（詳見chapter3-24）
執行「字符 > 加入字符⋯」，加入名為「_corner.
serif」的字符。

將在H字符畫好的襯線，複製貼上到「_corner.serif」
裡，並將原來字幹左側對齊在X=0的位置。路徑的方向
必須是由上出發，再往右轉（若是另一側方向的襯線則路徑
方向就逆轉）。
基線上的線段部分稍微往原點右側延伸，不過10單位左
右就夠了。

※ 在角落組件中，原點（0,0）對應到預計套用處的路徑角落位
　 置。

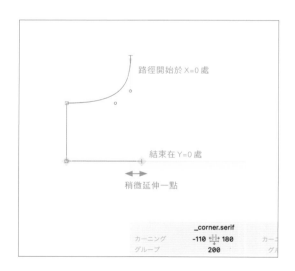

路徑開始於X=0處

結束在Y=0處

稍微延伸一點

回到H字符，在這裡要拿掉剛才畫好的襯線。選取襯線的部分，執行右鍵選單的「角落銳利化」是最簡單的方法。

※「角落銳利化」是用來輕鬆去掉襯線、圓角的方便功能。

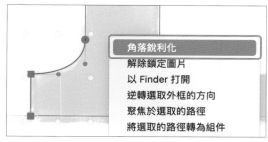

不要選取基線部分的線段

接著選取字幹的角落，執行右鍵選單的「新增角落組件」。一次選取多個角落，可以對選取的所有角落一口氣加上角落組件。

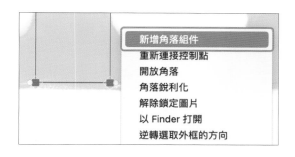

四個角都加上角落組件後，選取方向相反的襯線，並在資訊面板將「↔」（寬度）的值從100改為-100。

※如果資訊面板消失不見，可勾選「顯示＞顯示資訊」（shift+command+i）讓它顯示出來。

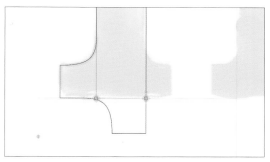

選取右側角落組件

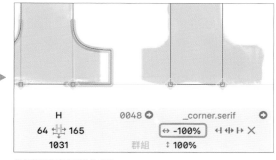

將角落組件寬度值改為負數

這樣左側字幹就完成了。

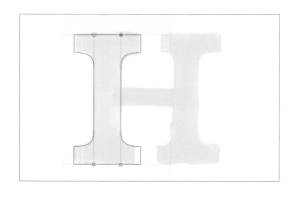

選取整個字幹後，執行複製、貼上，或是用option+拖曳的方式向右複製移動，就能做好右側的字幹。

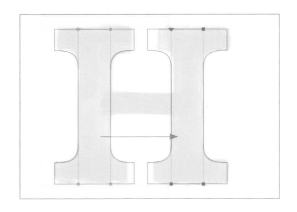

使用「矩形工具」畫出中間的橫槓，在這裡粗細設為100單位。

外框會在字型匯出時自動合併，所以這裡橫槓跟字幹外框重疊沒有關係。

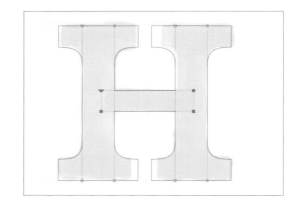

底稿的設計上，比起襯線的寬度，H字母本身又設計地稍窄，所以內側的襯線有稍微比外側畫得短一點。為了重現底稿上的設計，選取要縮短的襯線的角落組件，在資訊面板中將寬度改為80%之類的數值。

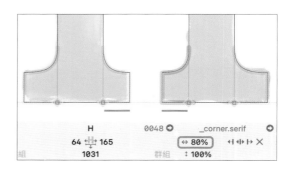

最後要來設定邊界值。不像中日文字型每個字原則上都固定全形寬度，歐文的每個字母寬度是會變的，並且要設計得在視覺上讓左右的空間一致。所以邊界值並不是整個字型全部共通，而是要配合每個字母不同的左右形狀分別去調整。這裡所輸入的值是外框直到字身框左、右端的距離。

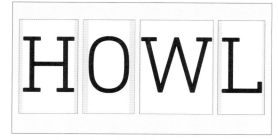

粉紅色的部分是每個字母各自兩側的邊界值

在H字符資訊面板的左邊界處輸入任意的值，在此範例中設定為40。由於這裡右邊界希望能固定為與左邊界相同的值，所以在此輸入名為「**度量鍵（metrics key）**」的自動算式進行設定。試著不輸入數值，而輸入「=|」吧。「=」表示這裡輸入的是算式，「|」則表示「沿用字符另一邊的值」的意思。

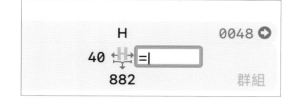

確定後右側的值會自動設定成40。若這時去修改左邊界的值，則會以紅字出現警告，並不會自動變更數值。可以按下旁邊的旋轉箭頭圖示，或執行「字符 > 更新度量資訊」（control+command+M）更新數值。

（MEMO）活用度量鍵

度量鍵可以使用下面這些符號。

- 固定數值（例：=65）
- 字符名稱（例：=A或A）
- 使用 +−＊/ 進行四則運算（例：=a+10、=H*0.5）
- 使用 | 參照另一側的值（例：=|n、若參造字符本身另一邊則可寫=|）
- 使用 @ 指定要參照的y座標（例：=|@200）
- 多主板時，== 表示只適用這個主板（1個 = 則適用所有主板）

其中第2項，若只單純指定其他字符名稱時，可以省略=。另外，雖然左邊界、右邊界、字符寬度3個值都可以使用度量鍵指定，但同一個字符同時最多只能指定2處（為了避免矛盾）。

chapter 5

189

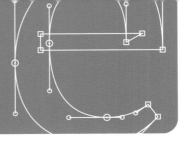

開啟 A 字符的編輯畫面。

首先使用「矩形工具」畫出兩個字幹，調整上下位置將它打斜，做成三角屋頂互相支撐的形狀。

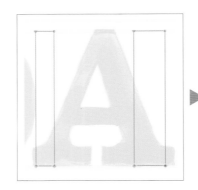

右字幹左上凸出的部分，可以多加一個控制點進去後，把它推進另一個字幹裡面。

A 的頂點若對齊大寫高度，看起來會比其他字母要低，所以讓它上方稍微超界一點（overshoot）。雖然底稿畫的超界量大約有 20 單位左右，但實際上覺得這個程度有點過度顯眼，於是設定為 10 單位。

※ overshoot 的量，是根據尖端的尖度、字體的使用目的等各種因素來評估的。基本上愈尖的設計 overshoot 超界的量會愈多。

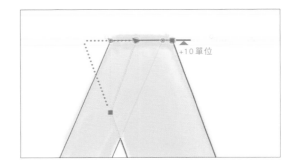

+10 單位

使用「矩形工具」畫橫槓。粗細與 H 字符的橫槓統一為 100 單位。在底稿上，A 與 H 的橫槓位置並不一致，這是為了確保上面三角形字腔的空間，所以在 Glyphs 也比照底稿的設計。

※ A E F H P R 這些字母裡的水平筆畫高度並非固定，而是要考量字母上下的字腔平衡而變化。不過標題用字體以表現圖形對齊為優先的情況，也有可能刻意設計成統一的高度。

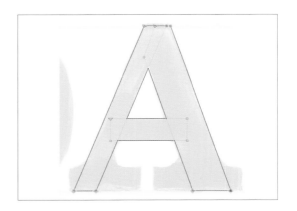

選取基線上的4個角落控制點，執行右鍵選單的「新增角落組件」，套用先前在H字符用過的_corner.serif。

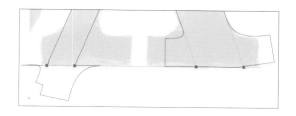

對傾斜字幹套用角落組件時，單純調整放大倍率的正負值，方向也會很奇怪。這時要在資訊面板右側的箭頭圖示中，調整要吸附的線段方向，設定成與基線對齊。

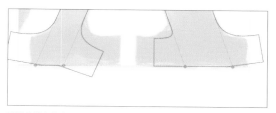

襯線的橫向倍率從左依序設定為100%、-100%、100%、-100%

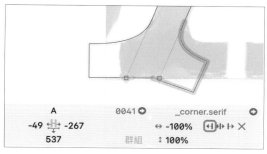

朝左下的角，選取 ◄┃（向左對齊），這表示組件路徑的尾端要對齊角落控制點後的線段角度（水平）

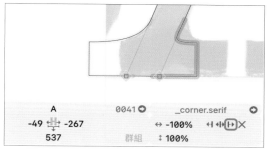

右下的角則選取 ┃► （向右對齊）

襯線的長度可在資訊面板調整。範例中將外側的襯線稍微±50%，而內側襯線則較大幅度設定為±150%的值。

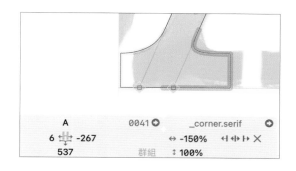

A字符的邊界設定方式與H字符相同。在範例中左側設為10，右側則指定「=|」。

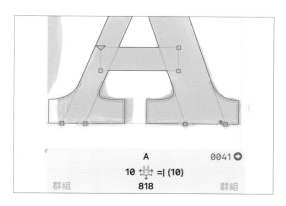

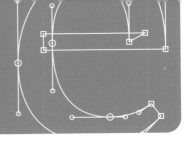
因為這裡的O是上下左右對稱的設計，所以使用「畫圓形工具」，直接指定數值來繪製。

點兩下O字符開啟編輯畫面。首先用畫圓形工具拖曳畫出外側的橢圓，大小與位置都可以之後再調整，隨便拉一下就可以了。

※ 將橢圓的長寬尺寸都畫成偶數，在之後的作業比較不會碰到
　0.5 單位的小數。

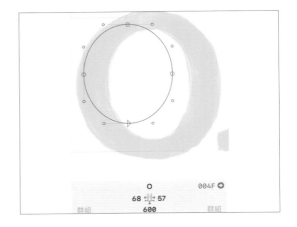

選取整個橢圓，在資訊面板中變形基準點裡選取「正中央」，並在Y座標處輸入大寫高度一半的值370，讓圓對齊垂直中央。

※ 輸入數值時，可以在框裡輸入算式。例如輸入 740/2 也會得
　到一樣的結果。

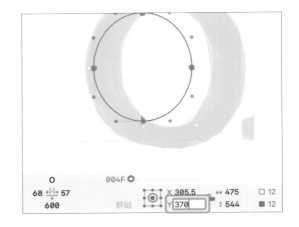

接著要調整大小。確認資訊面板裡調整尺寸處，固定長寬比的鎖頭已經解開（🔓），再輸入數值。在這裡高度、寬度都設為770。與A的上緣一樣，像O這種圓圓的字形，上下端都要加入一點overshoot。但底稿的凸出量還是太大了一點，這裡設定為看起來比較舒服的15單位。

※ 底稿的精度隨情況而異，並不是絕對的。數位化作業時應配
　合實際需要，適當跳脫底稿的細節。

這時，也將水平位置貼近底稿。

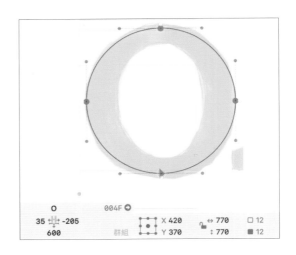

下一步來畫內側的橢圓，並調整位置。選取外側的橢圓，可以看到外側橢圓的 X、Y 座標，在內側橢圓請輸入一樣的值。

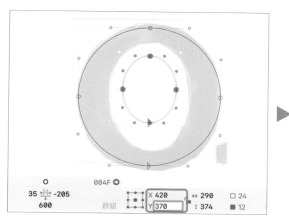
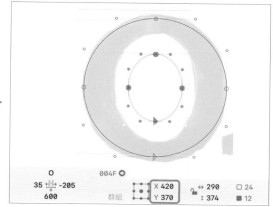

為了挖空內側的橢圓，選取內側路徑，並執行右鍵選單的「逆轉選取外框的方向」或執行「路徑＞修正路徑方向」（shift+command+R）。後者不會理會目前選取的路徑，而會對整個圖層進行修正。

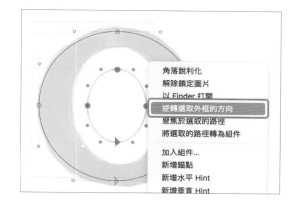

再來要調整大小。首先是高度的部分，由於 O 上下的細線粗細想要與 H 的橫槓等粗，所以高度的值要輸入外側橢圓減掉橫桿兩倍的數值，也就是 570（或直接輸入 770-200）。

左右粗線的部分，這裡則設定在 170 單位，也就是比垂直字幹稍微粗一點的值。像 O 這種圓線構成的字符，粗線維持在最粗值的部分其實很短，所以若設定成跟 H 字幹相同的值，看起來會比較顯細。因此內側橢圓寬度為 430（或輸入 770-340）。

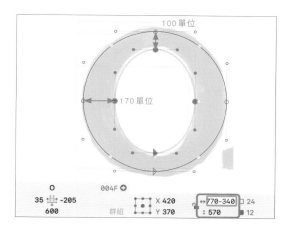

使用視窗右側控制盤裡的「調整曲線」功能，調整 O 的膨脹程度。兩個文字框裡輸入最小值與最大值，表示控制桿長度的百分率。接著點擊下面那排圓按鈕，就可以自由套用不同控制桿率。

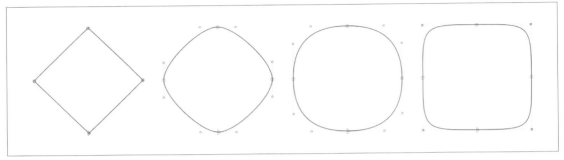

控制桿率從 1% 到 100% 的效果。正圓的控制桿率約在 55.23% 左右

在這裡將最小值設為 55%、最大值設為 75% 後，外側橢圓點選左邊算起第 3 個控制桿率，內側橢圓則選取左邊算起第 4 個控制桿率。內側膨張率稍微設高一點，也是字體設計時經常使用的手法。

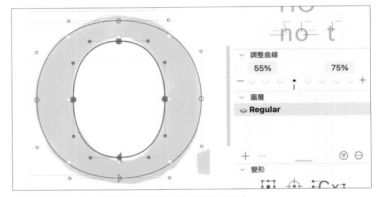

內側橢圓套用 55～75% 範圍下左起第 4 個比例（約等於 63.6%）

若想要徒手調整 O 字符的曲線，又想維持左右對稱，可按著 option+control 後拖曳控制桿，這樣另一側的控制桿會自動維持等長。

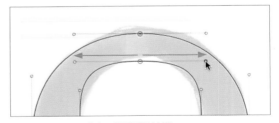

按著 option+control+ 拖曳，對稱調整控制桿

最後還要設定邊界。在範例中，將左邊設定為 30，由於右邊界與左邊界相同，所以也設定成「=|」。

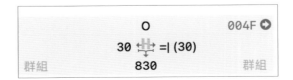

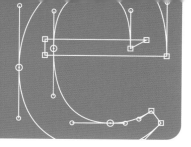

製作D字符時，沿用目前做好的幾個字母來調整會比較容易。首先複製H字符的左側字幹，貼在D字符上，並移除掉右側兩個角落組件。

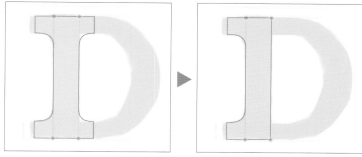

在D字符貼上H字符的字幹　　　刪除右邊的襯線

接著複製O右半邊的字碗，貼在D字符上。

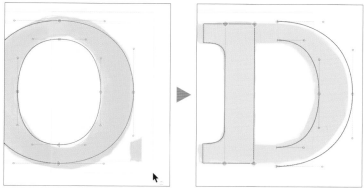

複製O的右半邊　　　貼在D字符上

由於D字符上下應該對齊度量線，所以內側、外側都要稍微壓縮一點高度。在資訊面板中，分別對外側圓弧與內側圓弧的高度都指定原來高度減掉30（overshoot量×2）的值。

※ 要分開進行。若一起縮小兩個外框，那細線的粗細就不是100單位了。

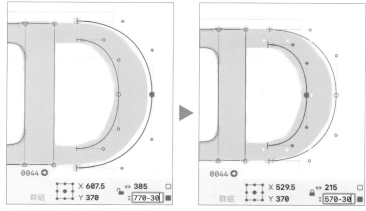

在外側橢圓的高度後面輸入-30（或直接輸入740）

在內側橢圓的高度後面輸入-30（或直接輸入540）

調整字碗向左移動，以貼近底圖。

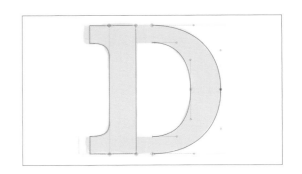

使用「繪圖工具」點擊想要連接起
來的起始控制點，接著隨意在任意
位置點擊2次，最後點擊要連接的路
徑終點。再移動兩個新控制點的位
置，完成想要的形狀。

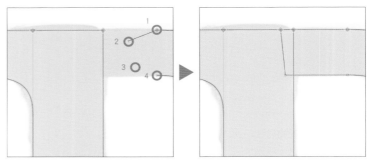

新增兩個控制點並封閉路徑　　　　　　調整成水平線並與字幹重疊

在下方的部分，作為繪製路徑方式
的複習，試著用不同方法畫畫看。
首先用「矩形工具」畫出任意大小
的長方形，並選取右邊的線段，按
下option+delete，將路徑開放。

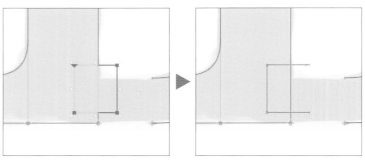

畫長方形　　　　　　　　　　　　　選取右側按option+delete刪除

將長方形右側開放的控制點拖曳到
圓弧的開口連結起來，再對齊左側2
個控制點的位置就完成了。

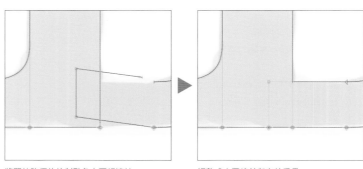

將開放路徑的控制點各自互相連結　　　調整成水平線並與字幹重疊

至於邊界的設定，左邊界設定為「=H」，右邊界則設定
為「=O」。這樣以後調整間距時，就不需要再手動調整
D的間距，而可以一直追蹤H與O字符的值。

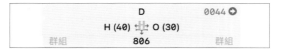

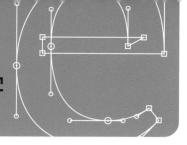

歐文字體若要支援英語以外的語言，會需要製作一些帶有附加符號的字。在此範例中，介紹如何製作德文常見的 Ä、Ö，以及這兩個字所用到的分音符（diaeresis；umlaut）的製作方式。

首先分別在 A 字符與 O 字符執行「字符＞自動設定錨點」（command+U）。這樣將會自動加入多個錨點，並且各自都有不同的名稱。這是因為 Glyphs 內部資訊知道這些字母通常會用到這些錨點。

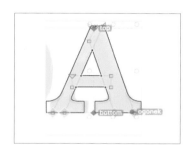
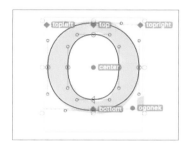

Ä 與 Ö 上面附加的這兩個點，在字體設計的世界裡稱為分音符「dieresis」，可以存在於獨立字符的字型裡，也用來設計帶有附加符號的字母。執行「字符＞加入字符…」（shift+command+G），輸入大寫字母用分音符的字符名稱「dieresiscomb.case」建立出這個字符。

MEMO 附加符號用字符 1

附加符號用字符，有 **dieresis** 這樣單純名稱的字符，與 **dieresiscomb** 這樣後面帶有 comb 的合成用字符兩種。

例如在 Mac 的歐文鍵盤要輸入 Ä 字時，首先要按下 option+u，進入帶分音符文字的待機狀態，接下來再輸入 A。在等待時螢幕上顯示出來的是 dieresis 字符，而輸入完成後顯示的 Ä，則是字型裡已經組合好的預組字母。在 Glyphs 要製作預組字母時，則需要合成用字符。

若想要對小寫字母與大寫字母製作不同的附加符號，分別調整大小與間隔，則可以在字符名稱後面加上「.case」，命名成 **dieresiscomb.case** 這樣子的名稱，作為大寫專用的合成用字符。名稱沒有「.case」的一般字符，原則上是小寫字母使用。但若字型裡沒有大寫字母用的組合附加符號字符，Glyphs 也會自動將標準字符的版本套用在大寫字母上。

開啟dieresiscomb.case字符，在大寫高度的上方稍高處，畫兩個水平對齊的點。形狀是自由的，但以本範例這種平襯線字體來說，通常會設計成圓形。在範例中直徑設定為140左右，實際上更大一點看起來也不錯。

開啟dieresiscomb.case

用畫圖形工具畫兩個圓

完成字符外框後，在這裡也執行「字符＞自動設定錨點」（command+U）。能看到Glyphs也會在這個字符加上一些預設的錨點。這裡最重要的是「_top」這個底線開頭的錨點，它將會對應到A、O字符裡「top」錨點。（詳見chapter3-23）

※ 若在配置錨點之後又調整了外框，錨點當然也需要重新調整到對齊中央的位置。也可以執行「字符＞重設所有錨點」（shift+command+U）功能，將錨點的位置全部重新設定。

執行「自動設定錨點」

執行「字符＞加入字符…」（shift+command+G），並輸入「Adieresis Odieresis」，建立兩個新字符。會看到建立出的兩個新字符裡，A、O以及先前做好的dieresiscomb.case，會以組件的形式自動配置在裡面了。這是因為Glyphs對於這些具有附加符號的標準字母，內部有記載組成字符的必要組件資訊（成分）。

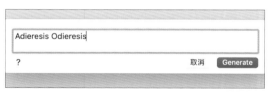

Adieresis Odieresis

?　　　　　　　　　　　　　取消　Generate

加入多個字符時，名稱可用空格或換行隔開

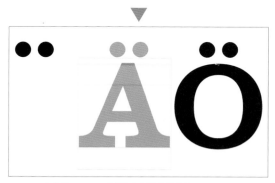

Adieresis字符與Odieresis字符全是以組件構成的

（MEMO）附加符號用字符 2

合成用附加符號字符的上方也有top錨點，這是用來即興組合一些更複雜的形式時定位使用的。

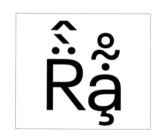

198

當然只有這兩個字，不足以支援德文或其他語言。一般製作實務上，也不會像這樣單獨製作特定的帶附加符號字母，而是會一口氣支援預先定義好的字元集，去涵蓋常見語言所需要的文字。在這裡試著新增看看一個比較小規模的字元集吧。

在主視窗左邊的「語系」處，點開「拉丁文字」。接著用右鍵點選「西歐文字」，這樣會顯示出目前所缺的所有字符的清單，在這個狀態下全選（command+A），並按下「建立」按鈕。

※ 德文包含在西歐語系的字元集裡。

右鍵點選「西歐文字」

按 command+A 全選後建立

字母, 拉丁文字

西歐語系所有字符就加進來了

由於在附加符號還沒做完的狀態下就建立出字符，多數的組件字符都是空白的。當完成所需的字符後，想要重新自動組合出組件字符，可以執行「字符 > 建立組件字符」（control+command+C），這樣就能重新組合出字符。

刪除 Adieresis 的組件

在 Adieresis 執行「建立組件字符」

組件字符就重新組合出來了

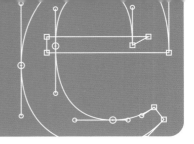

07　設計小寫字母n

到這裡為止製作的都是大寫字母，但事實上歐文佔據最
大篇幅的是小寫字母。在這裡來製作看看小寫字母中最
基本的字母其中之一的n試試看吧。製作好n以後，可以
很快地延伸製作出 h i l m u 這些字母。換句話說，n字
母的造形可說是歐文字體的根基。

首先開啟n的編輯畫面。

首先使用「矩形工具」來繪製左邊的字幹。雖然底稿上
的字幹大約有160單位左右，但因為小寫字母整體來說，
筆畫的密度會比大寫字母更高，為了考量整體的灰度，
在這裡設定在140單位。水平位置則對齊底圖左方字幹
的中央。

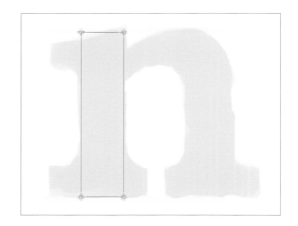

接著要來繪製稱為字肩的右側筆畫，在這裡試著以繪製
中心線後再長出肉的方式來製作。

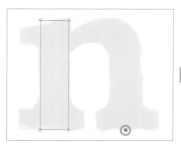

用「繪圖工具」點擊字肩右下的中心處

在直線即將轉換為曲線的位置附近，按住
shift後，按下滑鼠並往上方拖曳。這樣就能
將控制點定位在與前一個控制點垂直對齊的
位置，並且固定控制桿的角度為垂直

接著在曲線頂點的位置點擊並向左拖曳拉長
控制桿。因為這裡也希望是個水平極點，所
以在開始拖曳後按下shift去固定控制桿角
度。注意不要在拖曳之前就按下shift

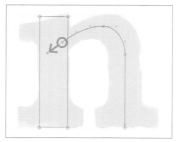

最後在曲線與左方字幹交會的部分拖曳，這
樣就畫好筆畫的中心線了

選取中心線的外框，在控制盤右下方「筆畫」處，輸入水平與垂直部分的粗細。W值與左字幹一樣是140，H值則設為100。

W輸入140，H輸入100

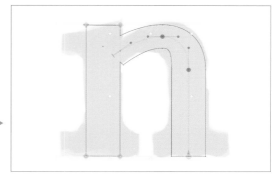

這樣路徑就加上了設定的線寬

接著在選取路徑的狀態下點擊右鍵，執行「擴展外框」。這樣就可以得到字肩大致輪廓的路徑了。接著執行「路徑＞清理路徑」（shift+command+T），將兩個極點自動轉換成平滑控制點。

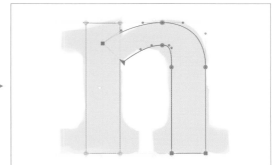

畫出中心線，長肉以後再擴展成外框的方法，因為只要畫出中心線，是可以減少點擊數縮短時間的手法。使用這個手法長好肉以後，勢必還是需要再細調修正外框，所以倒是不用太在意一開始中心線的品質。

使用「濾鏡＞計算曲線偏移」功能也能做到一樣的效果。因為在這個濾鏡要輸入的是偏移值，所以要輸入先前一半的數值，也就是水平方向70、垂直方向50。並且要勾選「建立為筆畫」。

※ 由於Glyphs 2沒有前述的筆畫功能，只能使用這個濾鏡來做。

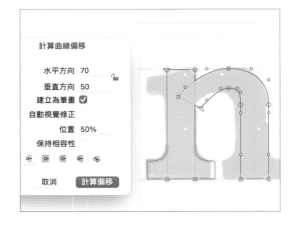

接著調整外框的形狀，完成字肩的設計。

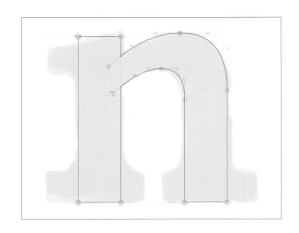

如同大寫H所介紹的步驟，在右圖這幾個控制點套用角落組件加上襯線。內側兩個襯線的部分，在這裡改變心意，採取只留下左邊襯線的設計。如果想要留下兩側的襯線，可能要將橫向縮放改為±70%左右。

※ 像右圖這樣，小寫字母n單邊沒有襯線的設計，在羅馬正體雖然比較少見，但在義大利體（italic）是常見的處理方式。例如Palatino、Adelle等字體是代表例子。

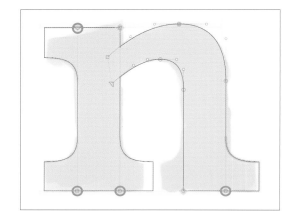

小寫字母的襯線與字幹一樣，通常會比大寫字母稍微細一點，在這裡把高度都設為90%。另外，由於襯線看起來也稍微長了一點，於是把寬度也設為90%了。

※ 由於要對所有小寫字母的襯線都設定縮小倍率也很麻煩，或許可以考慮另外做一個小寫字母專用的角落字符。

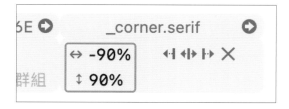

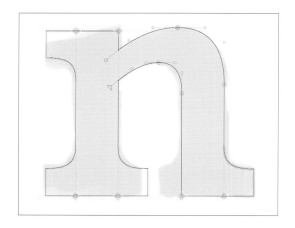

小寫字母上方的襯線，通常會是呈傾斜狀的，接下來就
來修改這個部分。將游標移到角落組件上方，點選滑鼠
右鍵，執行「解開角落組件」。

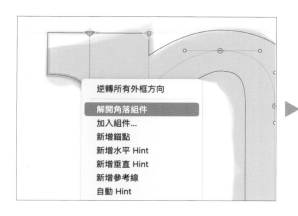
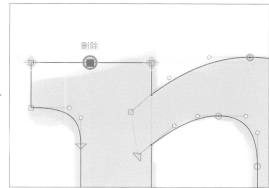

接著刪掉水平線上多餘控制點，並拉高右側的控制點。
最後配合底稿調整左側襯線的位置。

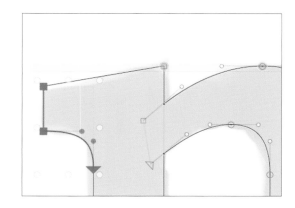

由於左上這個斜的襯線，也是在小寫字母會到處重複出
現的形狀，也把它製作成組件會比較方便。不過它不像
是角落組件那種只吸附在1個控制點上的造形，所以使用
能對2個點套用的筆帽組件。

如圖中的方式選取左上的襯線後，並執行複製。不要選
取到下方的控制點。

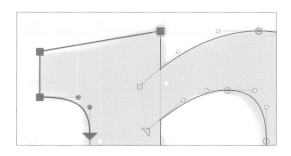

加入名為「_cap.topSerif」的新字
符。「_cap.」後面可以是任意的名
稱。

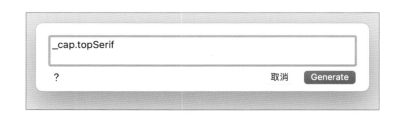

筆帽組件與角落組件一樣，設計時需要考慮虛擬的字幹。字幹的入口是原點（X=0、Y=0以上）處的控制點，而出口位置則是與字幹相同寬度的地方。像本範例這樣想要加在字幹上方的筆帽組件，需要畫成顛倒的形狀。

將先前的外框貼到_cap.topSerif字符上，並使用控制盤的變形功能，將基準點設在x字高的中心處，然後執行180度旋轉。

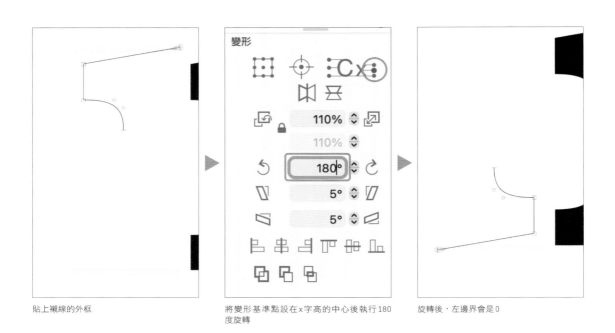

貼上襯線的外框　　　　將變形基準點設在x字高的中心後執行180度旋轉　　　　旋轉後，左邊界會是0

由於路徑入口跑到比原點等低的位置，需要將它延長一點。請用繪圖工具加上一段直線路徑。起始控制點的水平位置為X=0，垂直位置則要在Y=0以上。

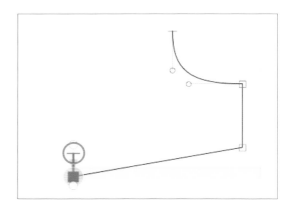

回到字符 n，刪掉左上角的襯線，將它恢復成長方形。 控
制點則對齊 x 字高。

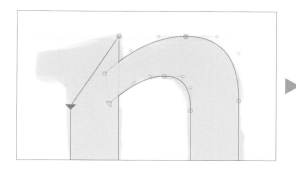
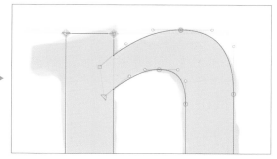

選取圖中 2 個控制點後，執行右鍵選單的「新增筆帽組
件」，並選取「_cap.topSerif」。

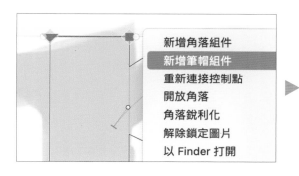
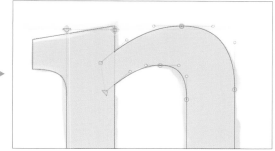

這樣就完成 n 的造形了，最後還要來設定邊界。

因為小寫字母 n 是右側比左側更開放的形狀，所以要把右
側設定的稍微擠一點。 在範例中姑且先設定左邊界 40、
右邊界則是 15。

※ 在這裡好像是輕輕鬆鬆就決定了邊界值，實際上是要不斷反
　覆測試，慢慢去調整出適當的數值。

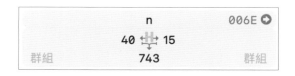

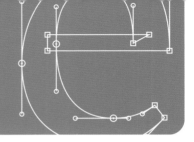

08 擴充小寫字母

由於n字母做完了，接下來就用它來做出其他字母。首先先來做h。

複製n所有路徑後，開啟h字符，貼上n的外框。接著拉高左邊字幹到上伸部的高度就完成了。

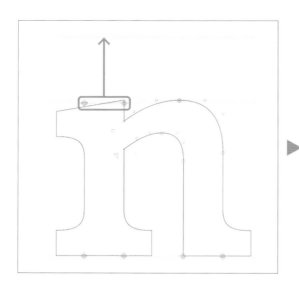 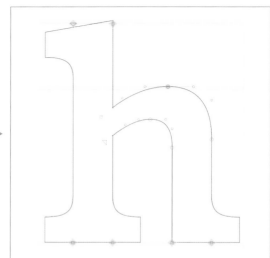

左邊界設為比n稍窄一點的25，右邊則希望跟n保持相同，所以輸入「n」。

h		0068 ⊙
調距	25 ⊕ n (15)	調距
群組	728	群組

MEMO **小寫字母的邊界**

小寫字母的間距調整基本上會以x字高範圍內的形狀來決定，不太考慮上伸部與下伸部的部分。調整的訣竅是讓字母外側字腔（右圖的藍綠色部分）的面積盡量拉近。因為n與h左側的形狀不同，h會顯得較開，所以h的左邊界必須設得比n更窄一點。

接著來製作字母l。

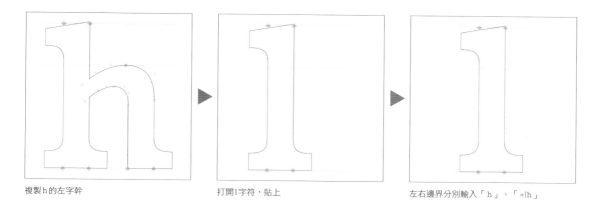

複製h的左字幹　　　　　　　　　打開l字符，貼上　　　　　　　　　左右邊界分別輸入「h」、「=lh」

接著來製作字母i。 複製n的左字幹，貼到i字符。 接著
在字幹上方畫個點就完成了。 點可以是任意的形狀，一
般來說是橢圓形或長方形。

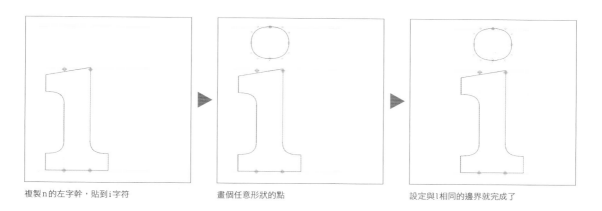

複製n的左字幹，貼到i字符　　　　畫個任意形狀的點　　　　　　　　設定與l相同的邊界就完成了

最後使用簡單的方法來製作u吧。 複製n整個外框，旋轉
180度後，重新設定3個筆帽組件。

複製n字符所有外框到u貼上後旋轉180度　　刪除上面的襯線，並且都套用筆帽組件　　左邊界設定為「=ln」（與n的右側相同）、
　　　右邊界設定為「=lh」

這樣就一口氣做好 h i l n u 了，來試打看看吧。設計字體必須反覆不斷重複輸入各種文章，依照閱讀的效果去調整外形跟間距。像目前這樣製作的字數還不夠多的情況，適合使用 adhesiontext.com 這個用來生成假字的網站。在網站上方的輸入欄裡輸入目前已經做好的字，按下 Get dummy text 按鈕後，就可以產生出一大堆這些字母所構成的單字的文章。

複製下方文字框裡產生的文章，貼到 Glyphs 的編輯畫面。

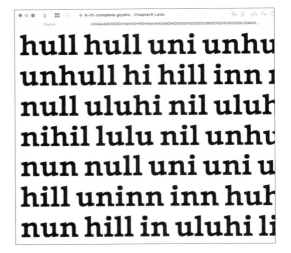

以這段文字來說，好像還是少了點什麼。如果做好 a、o 這些常見的母音，看起來會更像實際的文章。

實際上在設計歐文字體時，就是像這樣先慢慢做出少數的字母，並逐漸擴充還沒製作的字母。才能趁字數還不多時，改善好設計比較弱的部分。所以也不會像是從大寫字母 A 開始依序做到字母 Z，而是從出現頻率最高的小寫字母開始做起，是最有效率的方法。

※ 編輯畫面預設的行長可能會有點太短，這可以在「Glyphs＞設定…」調整。

MEMO 製作歐文字母的順序

設計歐文字體時，應該最先製作 n、o 這些形狀不斷重複出現的字母，接著是母音 a e i o u，其他小寫字母則依照出現頻率的順序來做。拉丁字母 26 文字中，在英文的使用頻率依序是「e t a o i n s h r d l u c w m f y g p b v k j x q z」，所以早點做出 t、s 會比較有感。

初學階段總是會比較想從 g 這種顯眼的字母開始做起，但其實對字體整體印象的貢獻度沒有這麼高。

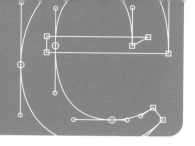

09 調距

字型有兩種調整間距的方式，一種是前面所設定的字符本身所固有的左右邊界，另一種則是針對特定的字符組合進行微調的調距（kerning）。通常當整套字型的所有外框、邊界都調到不能再調的最終程度時，才會開始進行調距的作業。

在這裡以大寫字母的調距為範例，篇幅的關係不會提及小寫字母，不過調距的方式是一致的。

※ 譯註：大寫字母與小寫字母之間往往也需要調距，例如 Taiwan、Taipei 的 Ta 之間，不調距都會顯得太寬。

MEMO 調距與字偶調距

日本的書籍經常將調距稱為「字偶調距（pair kerning）」，但調距本來就是以字偶為前提，這樣稱呼似乎有點冗長。確實在 tracking（字距）、kerning（調距）這些用詞定型之前，遠古時代確實兩者都稱為「kerning」，所以才會有人將後者稱為「pair kerning」。不過，設定好調距值的這組字偶，確實又稱為「調距字偶（kerning pairs）」。

未調距

調距後，AV 與 VA 之間調緊一點

使用「文字工具」輸入之前做好的字母的各種組合，找找看有沒有什麼地方字間太鬆或太窄。以此範例來說，AO、OA、DA 之間好像都鬆了一點。

※ 編輯畫面的預設寬度是 5500 單位，也就是字大大小的 5.5 倍，用來觀察時會覺得有點太短，可以在「Glyphs > 設定…」的「外觀」處調整。

使用「文字工具」，將游標放在 A 與 O 之間，並在資訊面板左側的「調距」欄輸入任意的值，在這裡輸入 -40。

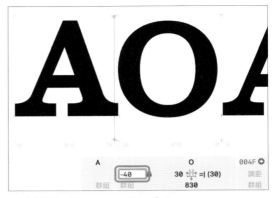

當 A 在左側時，在 O 左側的調距欄輸入「-40」

使用「文字工具」時，也可以使用鍵盤快捷鍵的 control+ option+ 左方向或右方向進行調距。按著 shift 可以一次調 10 單位。使用這個方法來試著調距 OA 之間為 -40。

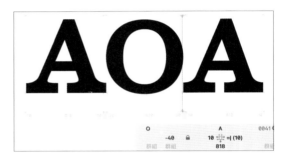

將座標放在 OA 之間，按 4 次 shift+control+option+ 左方向鍵

將 OA 之間調成 -40 後，接下來也會想把 DA 之間也調成 -40，但與其徒手輸入，最好是讓它能自動同步與 O 相同的值。另外，先前所做好的 Ä 與 O 之間，目前也沒有任何調距，在這裡也想把這些字母調距都加以自動化。

※ D 與 O 右側的形狀嚴格來說不是完全相同，不過對大多數的字體來說，應該都不用將它們分在不同的調距群組。

目前只有 OA 之間有調距，DA 之間與 ÖA 之間都沒有（ÖA 也沒有）

首先，將 O 與 D 的右側設定為同一個調距群組。在 O 字符與 D 字符的資訊面板右側的「群組」欄位，輸入一個任意相同群組名稱。要命名為單純的「O」也可以，或是用形狀命名成「Cap_Round」也無所謂。接著，也把 Odieresis 字符右側設定為相同群組。因為 O 與 D 左側的形狀並不相同，雖然 O 與 Odieresis 可以設定成相同的左側群組名，D 的左側群組則應該與 H 等字母相同。

※ 在此範例中，O 兩端的調距群組都是同名的「O」與「O」，看起來像是相同群組，實際上左側用與右側用的調距群組是各自獨立存在的，在實際的內部資料分別是「MMK_R_O」與「MMK_L_O」的全名。

O 與 Odieresis 左側是相同群組，O、D、Odieresis 的右側設定為相同群組

A字符與Adieresis字符兩端群組也都統一為「A」、「A」的名稱。

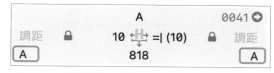

A與Adieresis兩端輸入相同的群組名

設定好群組以後，會發現OA以外的其他組合仍然沒有套用調距值。這是因為調距之後才設定調距群組的情況下，既有的調距值會被當作例外處理。現在是否是例外狀態，可以在資訊面板中鎖頭的開閉狀態 🔒🔓 觀察。鎖的狀態關閉表示目前使用群組的值，開鎖的狀態則表示目前的字符調距是例外。

在這裡希望將所有的鎖頭上鎖，所以先點擊OA字偶兩端的鎖頭，都將它們上鎖之後，再把AO兩端也都鎖起來。這樣屬於A群組與O群組的所有字符都會套用設定好的值了。

※ 群組與例外的狀態，在字偶的左右側分別都有。

只有O與A之間為-40，也就是上圖的狀態

只有O群組所有字符（ODÖ）與字符A之間為-40。這也是種例外狀態

O群組所有字符（ODÖ）與A群組所有字符（AÄ）之間都是-40

字型內所有的調距字偶值，可以在「視窗＞調距」（option+command+K）開啟的**調距視窗**裡查詢。群組名稱會以@開頭，並以深藍色顯示，單獨字符名稱則以灰色顯示。

目前進行到這裡，只設定了「@O -40 @A」與「A -40 O」兩組調距值，就來將剩下的字偶都更改成群組值吧。若要對整個字型，將所有例外值都改為群組值，可以點擊視窗右下角的「…」按鈕後，執行「盡可能群組化」。執行後就會變成「@O -40 @A」與「@A -40 @O」。

執行調距視窗右下角的「盡可能群組化」

MEMO **調距例外的用途**

雖然以群組方式調距，可以一口氣處理大量的字符，非常方便，但有些時候還是必須適度例外處理。例如T、Y這些大寫字母與帶附加符號的小寫字母這類字母之間，就需要進行衝突處理。

Te To Të

T群組與e群組之間的值是-118，但T群組ë之間則例外調成-95

aj ąj

a群組與j群組之間的值是0，但ą與j群組之間是+9

MEMO **調距字偶愈多愈好嗎？**

調距字偶非常多的狀態，其實代表的是邊界值的設定太粗糙。首先應該盡量提高左右邊界值的品質。歐文字體適當的調距字偶會隨著設計與異體字的內容而有所不同，雖然無法一概而論，但一般來說，調距字偶數最好限縮在總字符數的1～4倍內。

10 匯出字型

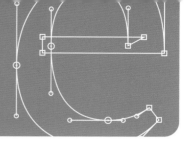

最後將字型匯出來使用看看吧。在這裡將字型的家族名稱設為「Chapter5 Latin」。（設定家族名稱的方法請參考 p.19）

接著在「檔案＞匯出…」，選取匯出位置後，按下「下一步…」，字型就會匯出成 otf 格式了。（參考第2章 p.32）

※ 譯註：這個範例中，指定的輸出位置是 Adobe 應用軟體專用的字型檔案夾。將字型檔輸出到這個資料夾裡，不需要安裝到 Mac 上，就可以在 Adobe 軟體（如 Illustrator、InDesign）使用。而且不會受到 Mac 字型快取的影響，不用每次都改成新的家族名稱匯出。

切換到 Adobe Illustrator，若看到字型選單裡出現這個字型，就表示匯出成功。那就試著輸入看看做好的文字吧。

歐文字體製作的教程就到這裡為止，但實際上的字體製作作業，是不斷地繪製外框、調整間距、匯出字體後檢查再重新檢討調整的循環。

chapter 5

Platia

42.195 km²

Українська

Paddington

Θεσσαλονίκη

Klaket

قفضة الليل

THE CRESCENT FIST

جديد هيب هوب مصري

New Egyptian Hip Hop

Codelia

Важкоатлет

138 background: #f4a864;

from math import *

chapter

Make Japanese Font
製作日文字型

使用目前學到的功能，來體驗如何製作日文字型。

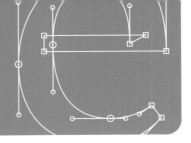

01 製作日文字型的準備

 完成檔案：6-01-complete.glyphs

在這個單元，要藉由描繪底稿的日文字素描，來製作日文字體的字型。設置底稿的方式在之前第5章「製作歐文字型」已經介紹過了，在這裡只介紹製作日文字型特有的設定。

首先要將字型設定為支援日文環境，在「檔案＞字型資訊」的「字型」分頁的「自訂參數」部分，點擊右方的＋按鈕，按照右圖新增「ROS」項目，並將值設定為「Adobe-Identity-0」。

將「ROS」設定為「Adobe-Identity-0」

接著在字型資訊內「主板」分頁的「度量」欄，設定為右圖這樣的內容，其中上伸部設定為880、下伸部設定為-120。這樣日文才能顯示在正確的位置。

※ 譯註：不同於依照基線對齊的歐文，中日文因爲是方塊字，會希望不同的字型排在一起都是垂直置中對齊的。所以無論字型內的歐文實際基線位置設計在哪裡，一般都會固定用880、-120的值。

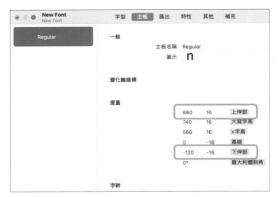

上伸部為880、下伸部為-120

加入日文字符

字型畫面左方側欄裡有「日文」的項目，點開以後，右鍵點選「假名」項目後，會顯示出所有尚未建立的字符。在這裡可以點選想要做的字符，或是按command+A全選起來後，按下「建立」按鈕一次建立出來。首先就建立出所有假名字符吧。

從側欄建立缺少的字符

另外，製作日文字型時，除了假名以外，最好也製作全形英文字母。這是因為如果字型缺少全形英文字母，在很多軟體使用羅馬拼音輸入法輸入日文時，可能會意外跳回系統字型。

要建立所有全形英文字母，可以在側欄選取「拉丁文字＞完成形」，選取所有英文字母後，執行「字符＞複製字符」（command+D）。

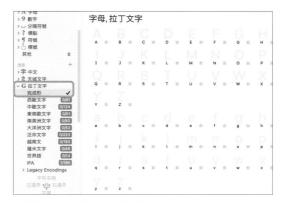

英文字母在「拉丁文字」的「完成形」裡

將側欄切換到「全部」，顯示出複製出來的字符。選取所有名稱後面有「.001」的新字符。

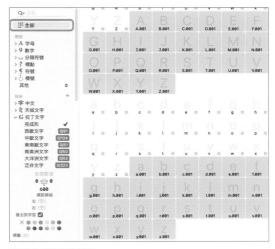

能看到字型裡所有字符

使用「編輯＞搜尋＞搜尋與取代…」，將「001」的部分取代成「full」。在字符名稱後面加上「.full」，Glyphs就會認識這些字符是全形英文字母。看到字符的名稱從「A.001」取代成「A.full」，就表示成功了。

「搜尋」裡輸入的字串會被取代為「取代」裡的字串

在「檔案＞字型資訊」的「特性」分頁下方，按下「更新」，左邊顯示出的「特性」欄中，會自動產生「aalt」與「fwid」這些特性。aalt用來存取所有異體字，fwid則是用來支援將指定字符切換成全形版本。

新增這些特性後，這些字符在匯出字型以後，也能被正確識別為全形字元。

「特性」分頁裡會產生這個字型所需要的各式各樣的規則

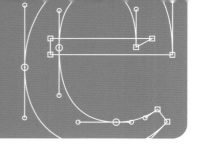

02　繪製平假名「た」

首先與第5章相同，先以預覽程式開啟圖檔「假名手稿.png」後，在預覽程式用長方形選取「た」的部分，依照第5章介紹的步驟，將每個字分別儲存成不同圖檔。

為了讓 Glyphs 能夠判斷每張圖片是哪個字，請將圖片的名稱命名為要配置的字符名稱。例如：「ta-hira.png, pu-hira.png...」

接著在側欄點選「日文＞假名」後，選取「たぷつり」這四個字符，執行「字符＞加入圖片…」。選取前面切割好的所有圖檔並確定，選取的圖檔就會配置到正確的字符上。

選取想要加入圖片的字符，執行「加入圖片…」

接著，在「檔案＞字型資訊」中「主板」分頁的「自訂參數」處，按下右邊的＋按鈕，新增「CJK Guide」，這樣自訂參數處就會出現CJK Guide這個項目。這個值可用來顯示正方形的框線，在製作漢字、假名等中日韓字符時，用來當作字面大小的參考，以百分比指定。

在「CJK Guide」右邊的空欄輸入「90」，則中日韓字符的編輯畫面上就會顯示90%大小的參考框線。也可以輸入「hira:90」，這樣可以只在針對特定的字種顯示框線（平假名：hira、片假名：kata、所有假名：kana、漢字：han、注音符號：bopomofo、韓文：hangul）。在這一章的範例中只製作平假名，若日後有要製作片假名與漢字時，可以新增多項各別設定看看。

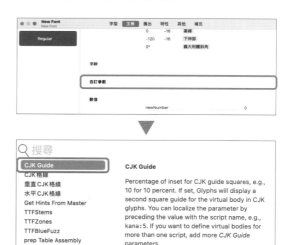

設定好CJK Guide後，在沒有配置圖片的狀態下開啟字符，畫面會像右圖這樣，顯示參考框線。由於這次的底稿圖片大致上將字面率設定在95%左右，所以在CJK Guide設定為「hira:95」。

有這個框線作為基準，調整文字之間的大小平衡會容易一些。當然因為平假名每個字形狀大小落差比較大，框線的參考價值沒有漢字那麼大，不過還是能在初期繪製的過程中作為輔助。

將CJK Guide設定為「hira:95」

顯示出先前配置的圖片。開啟字符「た」的編輯畫面，右鍵點選圖片並執行「鎖定圖片」，讓圖片固定住，避免不小心動到。

字面看起來有點太大，不過最終的大小可以在製作其他文字時再同時一併評估調整。

執行「鎖定圖片」固定住圖片

確認路徑的方向

用「繪圖工具」描出「た」的第一畫。像平假名的「あ、た、な、ふ、ほ」這些筆畫比較多的字，繪製路徑時要小心路徑的方向。

基本上，要塗滿顯示部分的路徑必須是逆時針方向，而挖空顯示的部分則要畫成順時針方向。

在這裡描繪「た」外框時，有些順時針與逆時針的路徑重疊，這樣重疊的部分就會意外被挖空。

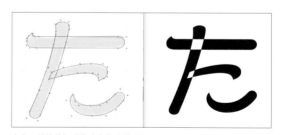

方向不同的外框重疊時會像這樣被挖空

不小心把路徑方向畫反時，可以選取要修改的路徑，執行「路徑 > 逆轉外框」、或「右鍵點選 > 逆轉選取外框的方向」修正。

或是也可以執行「路徑 > 修正路徑方向」，不用選取任何路徑，Glyphs就能自動判斷每條路徑正確的方向，配合需要自動修正。（詳見第3章 p.59）

「逆轉選取外框的方向」

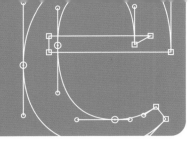

03 繪製平假名「ぷ」

在繪製「ぷ」之前，先來繪製基礎的「ふ」字吧。開啟「ふ」字符，執行「字符＞加入圖片…」，配置之前的「pu-hira.png」圖檔，並跟先前一樣，在底圖上用「繪圖工具」描線。

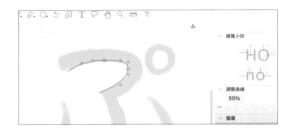

切換到字型畫面，選取「semivoicedcomb-kana」字符後複製（左邊側欄選取「假名」會比較好找）。回到編輯畫面，切換到「文字工具」後，按command+V貼上「semivoicedcomb-kana」字符，就會顯示出半濁點的字符以供編輯。切換到選取工具，在這個字符也配置「pu-hira.png」圖片。

選取「semivoicedcomb-kana」

半濁點的配置可以之後再調整，在這個階段還不用理會實際位置，先依照底圖「ぷ」的半濁點位置來製作。
使用「多邊形工具」的「畫圓形工具」，將游標移到底圖的圓心處，按option+shift，拖曳畫出外側的圓。

使用「畫圓形工具」拖曳畫出圓

外側的圓必須是逆時針方向，而內側的圓則需要是順時針方向。選取外側的圓後複製貼上，並透過選取工具，直接調整選取框進行縮放。這時按著option+shift進行拖曳，可維持路徑外側的圓在相同圓心上進行縮放。最後執行「路徑＞逆轉選取外框的方向」將內側的圓挖空。

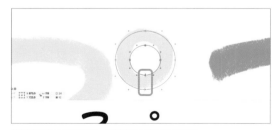

外側的圓為逆時針方向，內側的圓則為順時針方向

MEMO 搜尋字符並呼叫

執行「編輯＞搜尋＞搜尋…」，或是按command+F，可以直接搜尋並開啟想要顯示的字符。這樣可以省去切換到字型畫面搜尋、複製的麻煩。

調整半濁點的大小，也可以使用控制盤側欄的變形功能。確認變形基準點設定在正中心後，設定放大、縮小的倍率進行縮放。

變形工具除了縮放以外還可以進行各種變形。製作日文字體時，需要使用到縮放、旋轉功能的場合很多，請實際使用看看，掌握這些功能可以做到什麼樣的變形。（詳見第3章 p.70）

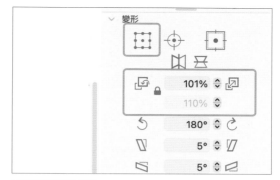

可用變形工具進行縮放

將「ふ」與「。」作為組件進行配置

完成「ふ」、「semivoicedcomb-kana」兩個字符後，接著開啟「ぷ」字符。在「字符＞加入組件」分別選取 hu-hira、semivoicedcomb-kana 兩個字符加入。這樣先前做好的兩個字符就會以組件的形式加進此字符裡，將它們組合起來，就能做好「ぷ」了。

組合「ふ」與「semivoicedcomb-kana」字符製作「ぷ」

因為它們是組件的形式，所以之後若調整「ふ」或「semivoicedcomb-kana」的設計時，所有的變更也會同時反映在「ぷ」字符上。
若想要調整半濁點的位置，可以開啟「ぷ」字符，直接選取 semivoicedcomb-kana 組件移動它就可以了。要注意的是，如果在組件的基底字符裡移動半濁點路徑的位置，使用到半濁點的所有字符都會受到影響。

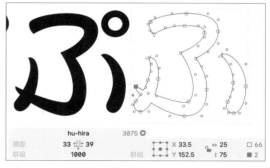

對「ふ」的修改也會反映到「ぷ」上

MEMO 右上空間不夠的濁音、半濁音字符

像「ぽ」這樣，基底字符（這裡是「ほ」）右上空間不夠時，若直接放上半濁點的組件，可能筆畫會疊在一起。這裡可以考慮的解決方式有 ①拆開「ほ」組件後調整造形、②將「ほ」組件向左移動、③縮小半濁點組件。

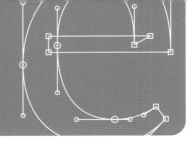

04 繪製平假名「つ、っ」

繪製「つ」

開啟「つ」的編輯畫面，跟其他平假名一樣，使用「繪圖工具」描繪外框。「つ」比起之前所畫的「た、ぷ」等字，有更單純的巨大曲線。畫這種接近橢圓的曲線時，盡量有意識把控制點擺在上下左右的頂點處，會比較容易畫出想要的形狀。圖中以▲標示的部分，就是這個字的頂點。

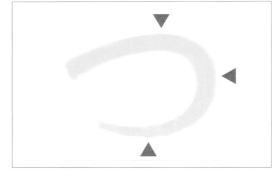

有意識在圖形的上下左右頂點擺放控制點

從左下開始循逆時針方向繪製整個外框。在上面箭頭標示的頂點處加入控制點，並往水平、垂直方向拖曳延伸控制桿。這時按著 shift 鍵，可以確保控制桿正確往水平、垂直方向延伸。shift 鍵這個操作不只在「繪圖工具」，之後在「選取工具」調整路徑時也很有用。

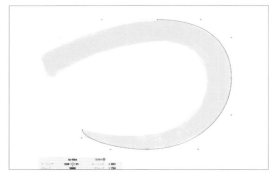

從左下角開始逆時針繪製

若覺得用繪圖工具直接畫曲線還是很不順手，也可以先將這些頂點先用角落控制點以直線接起來，接著加上控制桿後，將角落控制點轉換成平滑控制點。

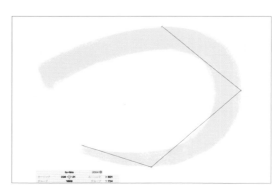

也可以先用角落控制點繪製後，再轉換成平滑控制點

繪製促音「っ」

「つ」畫好了以後，接著來製作促音「っ」。與前面的「ぷ」一樣，使用組件的功能。

開啟「っ」的編輯畫面，在「字符＞加入組件」中選取「tu-hira」，將組件加入字符。接著再將「つ」組件調整縮小到看起來像是促音的大小。

以「加入組件」加入「tu-hira」組件

之前半濁點使用變形面板進行縮放，但在這裡為了更容易在調整時掌握視覺上的大小，直接以選取框進行變形。拗音、促音的位置要放在水平中央的下方處。因為是要往下方進行縮小，所以使用「選取工具」選取組件後，按著shift鍵選取框的上端往下方拖曳。

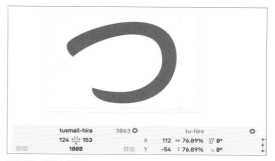

調整選取框縮小組件

開啟畫面下方的預覽區域，可以一邊比較左右的文字，一邊進行調整。所以使用「文字工具」在促音「っ」的兩側輸入先前已經做好的字符。單純縮小會讓重心看起來偏高，所以也整體向下移動一點。預覽區域還有黑白逆轉、上下逆轉、高斯模糊等功能，可以進行各種預覽。

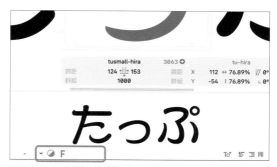

預覽區域可套用各種效果確認

勾選「視窗＞預覽面板」，可在編輯視窗下方顯示的預覽區域之外，另外開啟一個預覽面板視窗。例如可以將視窗下方的小預覽區域用來確認大小，而另一個預覽面板視窗則放在另一個螢幕上用來確認造形，同時觀察兩個預覽進行編輯。

預覽面板也可開成新視窗

調整「っ」的粗細【方法1：拆開組件】

單純縮小字符，會讓它看起來比其他拗、促音之外的文字要細。接著要將它調整成視覺上跟其他字看起來一樣粗。

由於在組件的狀態下，並沒有辦法調整路徑，必須先把組件轉換回普通路徑的狀態。在轉換之前，先將現在顯示中的組件複製到「背景」。選取組件後，執行「路徑＞將選取範圍設為背景」。這樣接下來將組件拆開成路徑後，若以後「っ」字符的設計有調整時，可以比較容易切換工作圖層。

先備份在背景上

背景可以使用「路徑＞編輯背景」與前景的工作圖層切換，能用來收藏設計的備份。與右邊側欄裡的備份圖層不同，每個圖層都具有一個前景與一個背景。右邊的備份圖層適合設定日期、名稱後，儲存長期的備份；而背景則比較適合用來管理臨時的備份，或是在設計修正前後進行比較時使用。在收到反饋，動手調整設計之前，先留下備份，就可以比較修正前後的樣子。看著下方的預覽區域，連續按command+B，就能簡單比較修正前後的樣貌。

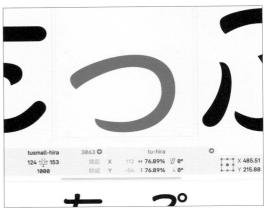

切換到背景時，畫面空白處以淡棕紅色顯示

另外，勾選「顯示＞顯示背景」，在編輯路徑時，背景裡的外框也會以淡色顯示出來。甚至若勾選「顯示＞顯示控制點＞在背景」，則背景上不只是外框，控制點跟控制桿都會同時顯示出來（右圖為了容易看到背景的路徑與控制桿，刻意把組件移開一點顯示）。

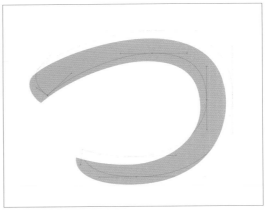

可以顯示背景的外框與控制桿

備份好背景、在前景選取組件後，執行右鍵選單的「字符＞拆開所有組件」。這樣本來的「っ」組件就會顯示出控制點，轉換成可進行編輯的外框狀態。

※ 注意組件一旦拆開，除了執行「還原」以外就沒有恢復成組件的方式了。

執行「拆開所有組件」轉換成路徑

選取拆開的路徑，執行「濾鏡＞計算曲線偏移」。在計算曲線偏移視窗指定任意的數值，可以調整外框的粗細。數值愈大就會愈粗，負值則能用來調細。

這裡若勾選水平方向、垂直方向之間的鎖頭，可以固定兩個方向偏移相同的量。在這裡將兩個方向的偏移值都設定為9，並按下計算偏移進行套用。

調整數值時，可觀察下面的預覽區域進行調整，這樣調整時就不用一直實際套用偏移了（詳見第3章 p.88）。

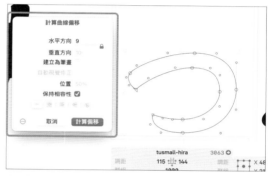

使用「計算曲線偏移」自由調整粗細

對於沒有反曲點的路徑套用計算曲線偏移，Glyphs 可能會自行加入反曲點，而不維持原路徑上的控制點數量。若有需求在計算曲線偏移時，不要任意增減控制點，可以勾選「保持相容性」選項，維持控制點一對一偏移。

※ 譯註：雖然超出本書範圍，如使用智慧組件或多主板編輯等功能進行內插時，每個主板圖層間的控制點都必須要能全部一一對應。所以調整粗細時就會需要使用「保持相容性」功能。

在這個範例中，水平方向、垂直方向都使用相同的偏移量。但像是明體風格的拗音、促音，若兩個方向都偏移相同的量，橫線與縱線的粗細差會變得不明顯，看起來會不太像明體，這時就會考慮在兩個方向的偏移量設定不同的值。

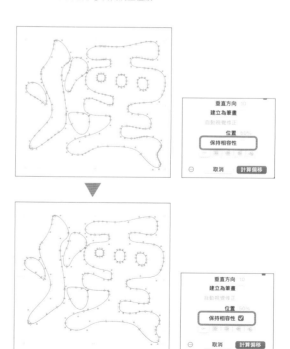

勾選「保持相容性」可維持原來的控制點數量

調整「っ」的粗細【方法2：使用自訂參數】

調整拗音、促音的粗細，還有另外一個方式。首先在前面「計算曲線偏移」視窗中，點選左下角的「…」圖示，執行「Copy Filter Parameter」選項。接著在「檔案＞字型資訊」中的「匯出」分頁裡，執行「新增實體」。新增出 Regular 實體後，以 command+V 貼上剛才所複製的濾鏡設定。若「自訂參數」出現一個 Filter 項目，內容的值顯示「OffsetCurve;9;9;0;0.5;keep;」，就表示成功了。

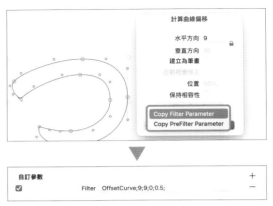

執行「Copy Filter Parameter」後可複製上面這行字串

或是也可以手動新增一筆自訂參數。點擊在自訂參數處右方的「+」按鈕，選取「濾鏡」後加入。

在這個新增出來的 Filter 自訂參數中，可填入上述計算曲線偏移的字串。在這個項目中，如右圖可設定特定描述的數值，針對匯出的字型實體路徑套用濾鏡。

自訂參數提供非常多可設定項目

前面按下「Copy Filter Parameter」時，下面這樣的內容會儲存到剪貼簿：

```
{
customParameters = (
{
name = Filter;
value = "OffsetCurve;9;9;0;0.5;keep;";
}
);
}
```

也可以先將這段文字貼在其他文字編輯器後，複製中間「OffsetCurve;9;9;0;0.5;keep;」的部分，將它貼上這裡的 Filter 右方欄位裡，便可進行相同的設定。

這裡只希望對「tusmall-hira」一個字符套用濾鏡,但目前這樣的設定,會對字型裡所有的字符套用濾鏡。

若只要對特定字符套用濾鏡,可以在最後面加上「include:」(=包括「:」之後的字)或「exclude:」(=不包括「:」之後的字符),以逗號或空格隔開輸入字符名稱。

在這個範例中,在Filter欄位中輸入「OffsetCurve;9;9;0;0.5;0;include:tusmall-hira,tusmall-hira.vert」。使用這個方法的話,最後必須將所有其他拗音、促音字符,如asmall-hira, ismall-hira……全都輸入進去。

想要限制／排除特定字符時,可在後面加上「include:」或「exclude:」指定

若想要確認自訂參數濾鏡的套用效果,可以在預覽區域的眼睛符號右邊的下拉選單中選取套用濾鏡的實體名稱(此範例中是Regular)。這樣就能在預覽區域看到套用濾鏡後的效果,可以看到只有「tusmall-hira」一個字符被加粗。若一開始預覽區域就切換在這個實體(Regular)上,可能不會馬上反映設定的結果,可以切換到其他實體(或是 -)後,再切換顯示套用濾鏡的實體(Regular)就可以了。

在預覽區域切換到「Regular」

保持組件的狀態套用自訂參數濾鏡

因為自訂參數的濾鏡是在匯出字型時才會真正套用在外框,所以「tusmall-hira」就可以維持組件的形式套用濾鏡。

使用這種方式,若需要調整「つ」的設計時,「つ」就能同時變更。比起拆開組件後調整濾鏡,工作上會更有效率。

但是若保持組件的狀態,在預覽區域即使指定實體,也無法反映套用濾鏡的結果了。可能只能先嘗試拆開一次路徑,觀察套用濾鏡的效果後,再恢復成組件的狀態。

若是組件的狀態,在預覽區域就無法反映套用濾鏡的結果

製作直排用字符

使用濾鏡調整好粗細後,接著要來讓這個字型支援直排。

目前做好的「っ」,若直接拿來直排,會像右圖這樣,顯示看起來偏下的位置。為了讓它擺到正確的位置,需要製作「tusmall-hira」的直排用字符。

將「っ」調整到適合直排的位置

切換到字型畫面,選取需要製作直排用字符的字符。在左上的搜尋框中輸入「small」,可以找出所有小假名。

選取所有顯示出的字符,執行「字符>複製字符」。這樣會產生出「tusmall-hira.001」這樣名稱後面帶有.001的字符,接著再將它們改成直排用字符的名稱。

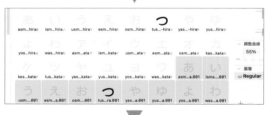

使用「編輯>搜尋>搜尋與取代…」,將「001」的部分取代成「vert」。在字符名稱後方加上「.vert」,Glyphs就會認識這些字符是直排用的字符,在直排模式時自動切換。若每個字符的名稱確實從「tusmall-hira.001」變成「tusmall-hira.vert」,那就表示取代完成了。

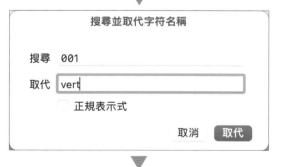

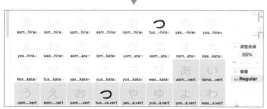

回到編輯畫面，在「tusmall-hira」字符切換到直排模式顯示。在畫面右下方，點選最右邊的圖示，可以將預覽區域改為直排模式顯示在畫面右邊。資訊面板也可以看到現在編輯中的字符自動從「tusmall-hira」變成「tusmall-hira.vert」了。

這時字符的位置還是跟橫排一樣放在水平中央正下方的位置，要把它改成垂直中央正右方。

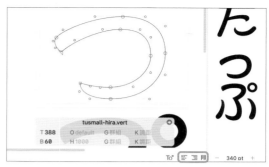

可以將預覽切換成直排

首先刪除現在顯示的「っ」路徑後，加入「tusmall-hira」的組件。改用組件的形式，若日後 tusmall-hira，又甚至是原來的 tu-hira 字符有修改時，變更才會反映到 vert 字符。

加入「tusmall-hira」組件

可以一邊觀察直排的預覽，一邊調整組件的位置。若字型已經製作好其他拗、促音，最好也都同時輸入在前後，這樣調整時比較能維持一致性。

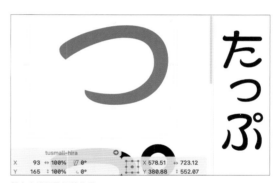

觀察直排預覽調整位置

最後還要在這個字型設定在直排的時候，切換到.vert字符。在「檔案＞字型資訊」中「特性」分頁，執行左下角的「更新」，這樣左邊的「特性」欄就會產生出「vert, vkna, vrt2」這些特性。

若能看到產生出如右圖這樣的指令碼，就完成了。

在「特性」分頁按「更新」

229

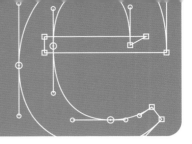

與其他文字一樣，在底圖上使用「繪圖工具」描製外框。跟「つ」相同，是個有很多長曲線的字，所以要將控制桿往水平、垂直方向拉長製作。

大曲線將控制桿往水平、垂直方向伸長會比較好畫

製作直排用的「り」

作為前面說明的.vert字符的應用篇，在這裡要試著製作橫排、直排切換成不同設計的字符。

複製「り」字符，將字型名稱後面加上「.vert」。解除圖片鎖定後，刪除圖片，重新執行「字符＞加入圖片…」貼上「ri-hira.vert.jpg」圖片。貼好圖片以後，再次用右鍵點選圖片，執行「鎖定圖片」固定住。

複製「ri-hira」製作「ri-hira.vert」字符

在背景配置「ri-hira」的組件。這樣只要按下command+B（或是執行路徑＞編輯背景），就能馬上確認原來橫排版本的設計。接下來就參考ri-hira的路徑，來調整直排的路徑。

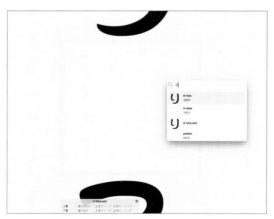

在背景加入「ri-hira」組件

將右下的預覽區域切換成直排模式。使用「文字工具」輸入「たっぷり」後，依照底圖調整路徑。主要的變更點是在直排版本讓整個字結構更瘦長，並且第2筆最後面改成往下延伸。

橫排用的「り」因為下面有個大曲線往上彎，所以在底部的頂點處也加上控制點，拉出水平控制桿控制彎度。

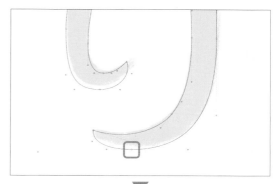

而直排用的「り」的曲線由於是往下舒張，若在底部設置控制點，曲線會很難調整。所以這裡在右圖的位置新增一個控制點後，刪除原來底部的控制點。最後如果還需要加上極點，可以等到設計都完成後再來補加。

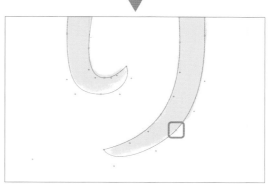

控制點適合擺放的位置會隨著曲線性質而定

這樣就完成直排用的「り」了。解除圖片鎖定刪掉底稿後並顯示背景，可以較為容易比較直排用字符調整的差異。

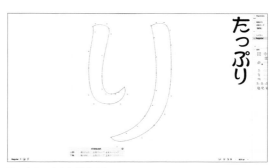

顯示背景可比較調整前後的差異

與先前的「tusmall-hira.vert」一樣，還是在字型設定直排時要切換到.vert字符。在「檔案＞字型資訊」中「特性」分頁裡執行下方的「更新」，更新左邊「特性」欄裡的「vert, vkna, vrt2」特性。
若像右圖這樣vert特性裡出現「sub ri-hira by ri-hira.vert;」這一行，就表示設定完成。

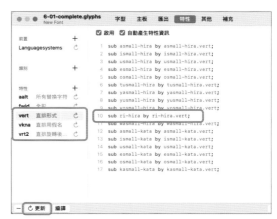

vert特性能在字型檔裡加入直排的設定資訊

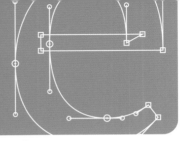

終於要匯出字型了。若一開始的設定都已經完成,接下來匯出字型的步驟跟前面匯出歐文字型等作業是一樣的。

在「檔案>匯出…」中,設定匯出位置,並按「下一步…」,將字型匯出成otf檔案(詳見第2章 p.32)。

選取「檔案>匯出…」

打字試試看

切換到Illustrator,若能用文字工具輸入,就表示匯出成功了。大家辛苦了!

也來試試看直排用字符(.vert)是否正確運作吧。選取「文字>文字方向>垂直」,切換成直排方向。若「っ」的位置靠垂直中央正右方、「り」變成瘦長且第2筆曲線較柔和的造形,表示字型內的特性設定也都正常運作。若「っ」沒有顯示過細的情形,表示實體的自訂參數也有正常運作。

直排時「っ」的位置不一樣

這樣就完成「た、ふ、ぷ、つ、っ、り」幾個字了。好不容易做完6個字，盡可能輸入一些想到的詞彙打字看看吧（たっぷり、たぷたぷ、つり，など…）。自己做的文字能夠打字顯示出來的瞬間，真的是難以言喻的開心。
建議從自己的名字、喜歡的動畫名稱等，打字便能激起自己動力的詞彙開始做起。

以使用者的心態嘗試打字，就能看到一些這裡好像太大、這裡好像太細、這裡好像太靠右了點等，在單獨設計各個文字時注意不到的細節。例如右圖這張打字出來的結果，好像也能看到幾個在意的問題。中間夾雜幾個接近左右對稱的字，也是用來比較大小、粗細時很有用的技巧。要一直重複這些過程，往理想中的文字靠近。

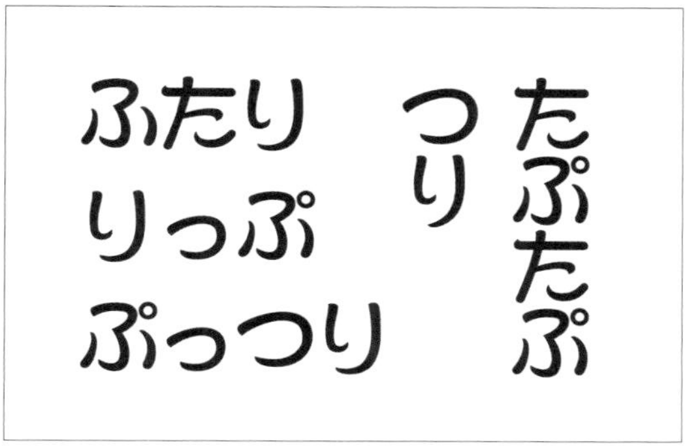

每個字的字面大小與位置都還需要調整

使用Glyphs所製作的日文字型範例（大學的畢業製作：吉田大成）

あいうえお
かきくけこ
さしすせそ
たちつてと
なにぬねの
はひふへほ
まみむめも
やゆよ
らりるれろ
わゐゑをん
がぎぷぺぽ
っゃゅょ

アイウエオ
カキクケコ
サシスセソ
タチツテト
ナニヌネノ
ハヒフヘホ
マミムメモ
ヤユヨ
ラリルレロ
ワヰヱヲン
ガギプペポ
ッャュョ

薄麗花茶美春東雲生命流
君鳥調時泉樹去葉岡倉天
心家年度後悪教飛有朝来
林様水無終華酒開風永本
文字地寒愛霊長成発挙抱

はくれい Regular

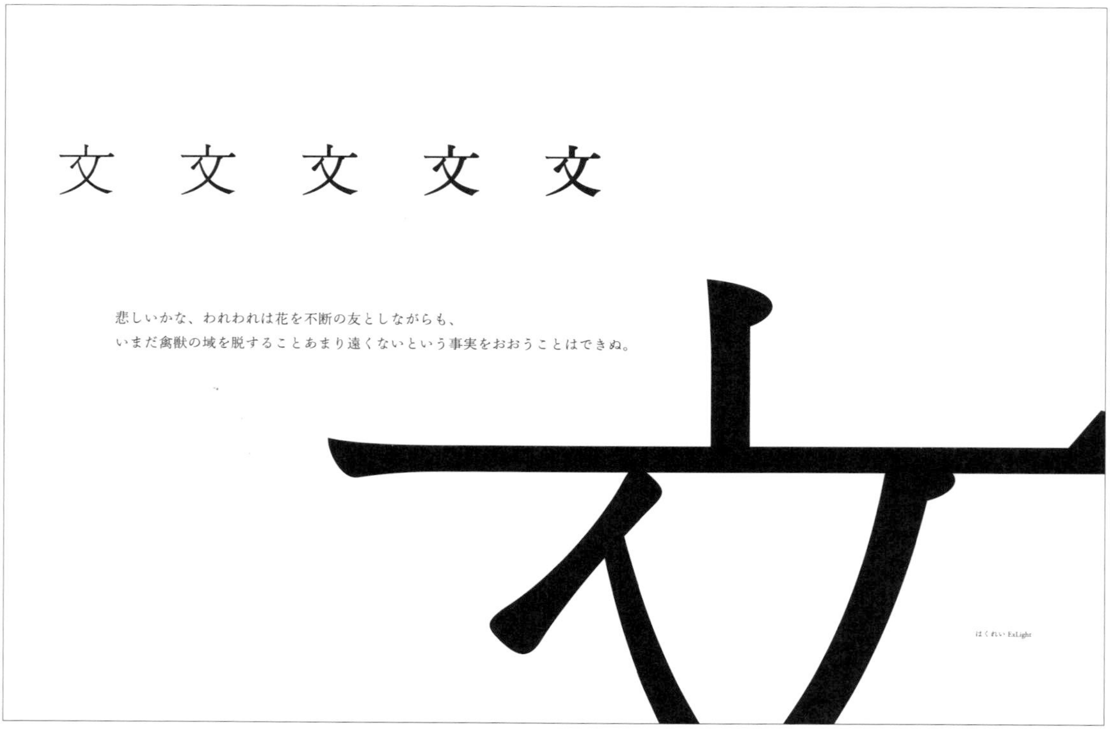

文 文 文 文 文
悲しいかな、われわれは花を不断の友としながらも、
いまだ禽獣の域を脱することあまり遠くないという事実をおおうことはできぬ。
文
はくれい ExLight

ふ　ふ　ふ　ふ　ふ

まあ、茶でも一口すすろうではないか。　　　　　　　　　　　はかないことを夢に見て、美しいとりとめのないことを
明るい午後の日は竹林にはえ、泉水はうれしげな音をたて、　　あれやこれやと考えようではないか。
松籟はわが茶釜に聞こえている。

はくれい・Bold

上に向かうも破壊、
下に向かうも破壊、
前にも破壊、
後ろにも破壊。
変化こそは唯一の永遠である。

何ゆえに死を生のごとく喜び迎えないのであるか。

れ　れ　れ　れ　れ

はくれい・Regular

Make Chinese Font
製作中文字型

在此提供一些中文字型製作上的小技巧。

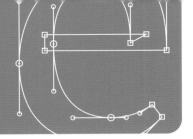

01 製作中文字型的準備

完成檔案：7-01-complete.glyphs

製作中文字型與日文字型一樣，有一些基本需要設定的項目，才能讓匯出的字型能被各種環境正確識別為繁體中文字型。在新建立的空白檔案中，執行「檔案＞字型資訊」開始字型資訊對話方塊，在這裡需要設定一些項目。

首先是「字型」分頁上面「一般」的部分。在之前的範例中，無論是符號字型還是日文字型，都使用英文名稱。這是因為技術上的理由，這裡設定的「家族名稱」只能以英文、數字、空格組成，不能使用符號或是帶有變音符號的字母，更不能使用中文。但是一般的中文字型總會有個中文名稱吧，這個中文名稱就要設定在「本地化家族名稱」欄位裡。

接下來是下方的「自訂參數」。一樣是按右方的 + 按鈕，新增「ROS」與「codePageRanges（字碼頁範圍）」兩個項目。ROS 設定為「Adobe-Identity-0」，而「codePageRanges」裡勾選「Latin 1」與「Chinese; Traditional」。

字型資訊的「字型」分頁

這兩個值都是為了提示各種軟體環境，這個字型檔是繁體中文字型。要注意的是，雖然 Glyphs 容許加入多個本地化家族名稱，「codePageRanges」也可以勾選多種語言，但建議不要多選。例如一個字型檔同時勾選繁體中文與簡體中文，很多軟體可能只把它當作簡體中文字型處理。

對話框裡項目非常多，可輸入文字搜尋比較容易找到選項。加入「codePageRanges」要選擇「字碼頁範圍」

接著切換到「主板」分頁。跟日文字型一樣，將度量值設定如圖所示。這是市面上多數中文字型所採用的度量設定，使用相同的值，不同的中文字型之間才能正確對齊。

字型資訊的「字型」分頁

最後切換到「其他」分頁，確認沒有勾選「使用自訂命名」。若沒有問題，就可以關閉字型視窗了。

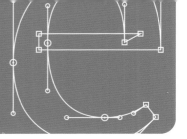

02 加入漢字

完成檔案：7-01-complete.glyphs

執行「字符 > 加入字符」，開始對話框。在框裡輸入「一 二 三」，每個字之間用空格隔開（換行也可以）。按下「Generate」加入字符。

這樣應該可以看到 Glyphs 加入了這三個字的空字符。

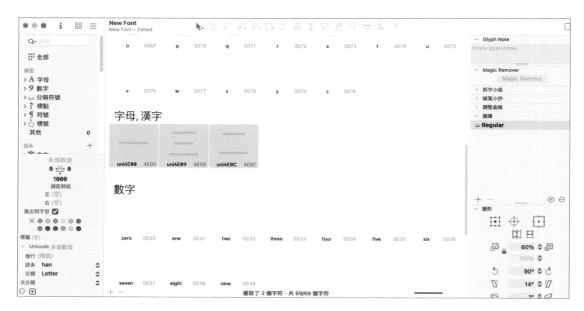

字符的名稱跟順序都有點不好理解，例如「一」字符名為「uni4E00」，不像英文字母、數字、日文假名的字符名稱「A」、「one」、「a-hira」好認。

※ 註：如果字符名稱沒有自動變成「uni4E00」，表示字型視窗裡勾選了「使用自訂命名」。若漢字的字符名稱無法正確匯出字型檔，請檢查字型設定。

字符名稱規定只能用英文字母與數字命名，但漢字的數量太多、意義又很複雜，很難用簡單的方式命名，所以一律直接使用Unicode編碼作為漢字的字符名稱。例如「一」的Unicode是4E00，字符名稱就是「uni4E00」。而Unicode的漢字是以部首排序的，如「三」的Unicode值4E09會在「二」的4E8C之前。所以顯示的順序上，「三」會在「二」的前面。

※ 註：罕用字Unicode值在5碼前面只加一個u字。如「𦑨」的Unicode值是28468，字符名稱會是「u28468」。

接著，在三個漢字字符都選取的狀態下，滑鼠點兩下開啟，就能開啟同時有三個字符的編輯畫面了。

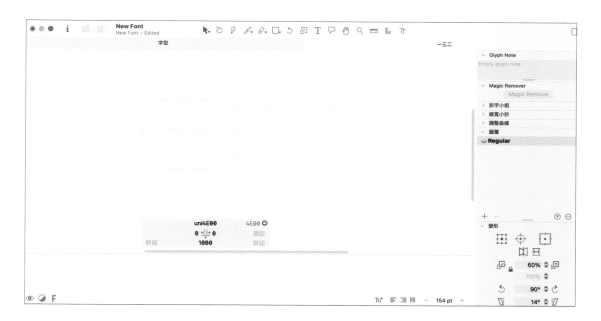

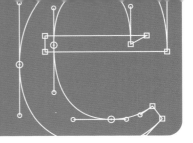

03 使用智慧組件

 完成檔案：7-01-complete.glyphs

智慧組件是Glyphs專門設計給漢字造字的功能。能夠以座標內插的原理，製作出可調性的筆畫與部件。在這個範例中，以明體的橫筆作為範例。

在字符「`uni4E00`」的漢字「一」裡，設計好明體的橫筆，右邊有稍微帶圓角的三角形。這樣子漢字「一」就算是造好了。

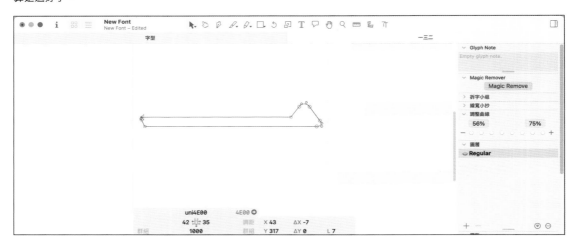

新增智慧組件字符

接下來想要把這個做好的橫筆轉換成智慧組件。

選取這條橫筆路徑，開啟右鍵選單，執行「將選取的路徑轉為組件」。

組件名稱輸入「`_part.eH`」。請注意智慧組件的名稱必須以「`_part.`」開頭，後面則是自己能看懂就好。我的習慣是e表示筆畫，大寫H表示橫筆，這樣比較能簡短命名各種複雜筆畫，例如橫折鉤就可以命名為_part.eHZG。

按下「好」以後，Glyphs就會新增一個組件字符，並開啟在原來的字符左邊。

能看到新建出來的「_part.eH」字符中，已經有之前選取的橫筆路徑。

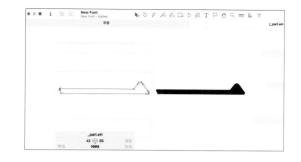

而原來的漢字「一」字符裡的路徑，已經被轉換成組件了。

當然也可以單純新增一個「_part.eH」字符，在裡面從頭繪製路徑。但使用「將選取的路徑轉為組件」的方式，可以跟其他旁邊的筆畫擺在一起繪製、設計後，再將畫好的路徑轉為組件，避免憑空想像。

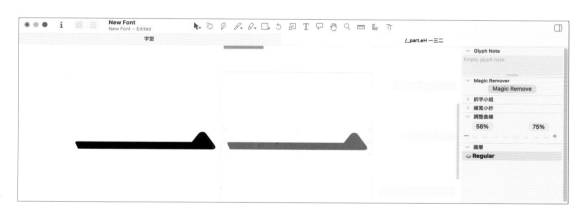

接下來要正式設計橫筆的智慧組件。先點選「_part.eH」字符的編輯區域兩下，切換到「_part.eH」字符。在畫面右方「圖層」控制盤，按下 + 按鈕，新增「w_min」圖層（可自由命名）。

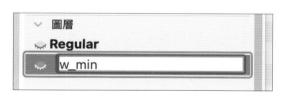

在這個「w_min」圖層裡，要繪製橫線最短的狀態，所以畫出右圖般的橫線。圖中的橫線很不合理，當橫線這麼短的時候，理論上三角形不該還這麼大。不過沒關係，製作智慧組件時，每個「變化軸」的變因應該愈單純愈好。寬度軸就處理寬度的差異，有其他變化，應該放在其他軸處理，這樣比較能運算出理想的結果。

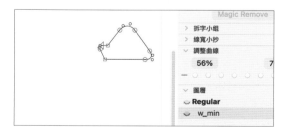

所以另外再製作一個「tri_min」的圖層，繪製三角形
最小的狀態。為了讓變因盡量單純，橫筆的寬度就與
Regular圖層保持一致。

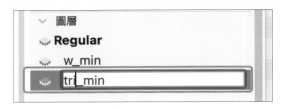

設定智慧組件字符

右鍵點選編輯畫面的空白處，點選「顯示智慧字符設定
選項」，開啟「智慧組件設定」視窗。

在「屬性」分頁中，點選左下角的 + 按鈕加入變化軸，
在「名稱」輸入「Width」。調整範圍的最小值與最大
值則輸入「1」與「1000」。
這裡的最大、最小值是兩個極端（最窄跟最寬）的代表數
值，可以自由決定。因為先前製作的圖層最窄跟最寬差
異非常大，故這裡定義為1跟1000會比較方便。（例如若
定義為1跟10，這樣每個整數之間寬度變化會相當大，不利於
使用時的調整）。

再增加一個變化軸，「名稱」輸入「Triangle」。這個
變化軸用來調節三角形的部分，因為調整幅度沒有先前
的寬度這麼極端，所以最小值與最大值姑且輸入「1」與
「100」。

切換到「圖層」分頁，這個分頁的設定比較需要邏輯，
要稍微思考一下。

由於 Regular 圖層是寬度最寬、三角形最大的狀態，在兩
個軸都是最大值，所以兩個變化軸都勾選右邊。

w_min 圖層是寬度最窄，但三角形仍最大的狀態，所以
Width 軸勾選左邊，而 Triangle 軸勾選右邊。

tri_min 圖層反之。它是寬度最寬，而三角形最小的狀
態，所以 Width 軸勾選右邊，而 Triangle 軸勾選左邊。

都設好以後按下「好」關閉智慧組件設定視窗。

調整智慧組件

接著切換回漢字「一」的「uni4E00」字符，試著調整看看設定好的智慧組件吧。

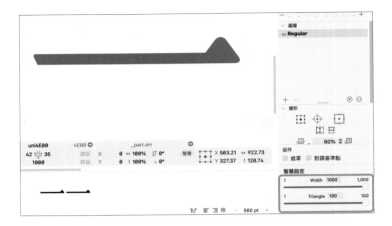

在字符裡選取智慧組件時，能看到右邊控制盤的最下方，出現了智慧設定的區域。並出現了先前設定好的 Width 與 Triangle 兩個軸可以調整，目前兩個軸都在最大值的狀態。

拖動控制桿，或直接在數值框輸入數值，就能看到橫筆智慧組件可以自由調整寬度跟三角形的大小了

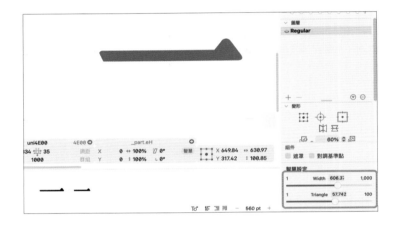

除了右側的控制盤之外，也可以用滑鼠右鍵點選智慧組件，點選「調整智慧組件內插值」開啟「智慧組件」視窗進行調整。

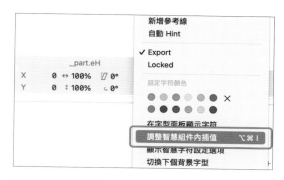

變化軸的名稱若命名為「Width」（寬度）與「Height」（高度），則可以直接拖曳組件的選取框周圍9個圓點調整大小。

因為這個範例只有「Width」變化軸，選取框可以用來調整寬度，無法調整高度。

加入智慧組件

切換到漢字「二」的「uni4E8C」字符，目前這個字符還是空的，先要加入兩個橫筆智慧組件。

右鍵點擊編輯畫面空白處，點選「加入組件」。

找到「_part.eH」，點兩下加入到字符裡。由於視窗裡
會顯示出整個字型檔裡所有字符，實在太大海撈針了，
通常會輸入文字搜尋到想要的組件。

重複執行一次相同的步驟，在字符裡加入兩個橫筆智慧
組件（也可以加入一個以後，另外一個用複製的）。

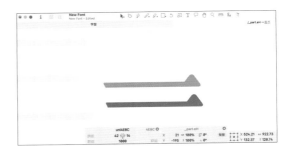

接下來調整寬度，擺放到適合的位置，這樣就製作完成
了。

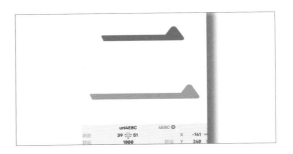

接著完成字符「三」，輕輕鬆鬆就做好三個字了。

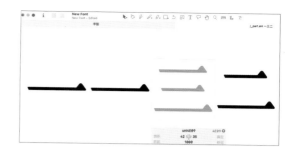

不過壞消息是，所有的常用漢字裡，只靠橫筆組成的漢字也只有這三個。要製作其他漢字，勢必得再設計其他筆畫的智慧組件字符，這就請讀者自由發揮吧！

在本書中，只能粗淺介紹智慧組件最基本的操作。其實智慧組件裡可以不只有路徑，也可以有其他智慧組件。例如用多個筆畫智慧組件組合出偏旁的智慧組件，製造出可以自由改變大小的部首偏旁，這樣就能夠大幅提升漢字製作的效率。

然而，愈是複雜的筆畫、偏旁，意味著智慧組件的變化軸也愈多，各種極端值的圖層也愈難畫。需要花很多時間跟想像力去規劃各種變化軸、繪製各種極端的圖層。即使是專業的中文字體設計師，也很難駕馭智慧組件。有些字體的造形本身可能也不適合使用智慧組件製作。製作中文字型不見得需要使用智慧組件功能，但絕對值得積極研究看看是否適合用在自己的專案裡。

在這個範例中，刻意在編輯畫面同時開啟了三個漢字。其實這是 Glyphs 這套字型設計軟體最好用的功能之一。設計字體時，免不了會需要一直互相比較不同的文字，例如在這個範例中，「一、二、三」這三個漢字之間的平衡感就需要再三琢磨。

而且調整字間時，更需要參考前後的字符。就以這三個漢字來說，若上下的空間處理不好，在直排時可能變成一連串難以閱讀的橫線。

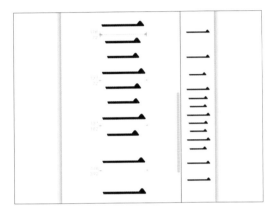

在編輯畫面點選下面的 ▥ 按鈕切換到直排模式，並按上方工具列的 Ｔ 切換到文字工具，以任意順序輸入一連串的「一、二、三」漢字，並觀察右邊的預覽畫面，確認字間的距離是否恰當。

或是在調整智慧組件的設計時，同時看到其他使用到該智慧組件的字符的變化。
例如右圖嘗試在智慧組件字符中，將橫筆加上粗細變化。只要更改智慧組件字符裡的路徑，所有用到這個智慧組件的字符都會同時跟著變化。
這也是使用智慧組件的好處之一，比較容易一口氣調整同樣筆畫的造形。

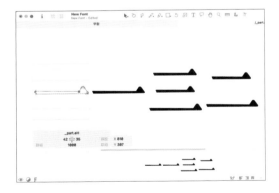

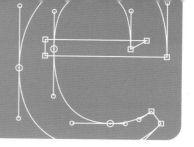

04　Glyphs外掛專欄

我認識一些設計師使用Glyphs後，不想再用Illustrator製作標準字或LOGO，會在Glyphs完成後再貼回Illustraor進行調色和轉檔（笑）。導致他們回不去的原因，是因為Glyphs有非常多好用且強大的外掛：有的可以計算出特定造形，有的幫忙檢查貝茲曲線品質，有的則是測量數值或提供字樣參考。一旦找到了適合自己的外掛，字體設計就會變得更加享受。我將在這篇專欄中指導如何安裝外掛，並向你推薦幾款我設計字體時絕不可少的外掛。

第一步：進入外掛管理員

在Glyphs上方選單列點選「視窗」並選擇「外掛程式管理員」後會彈出這個視窗。記得要連接網路才能看到內容，外掛的搜尋和安裝都會在此視窗中進行。但先不要急著開始瀏覽與安裝，請繼續往下閱讀。

視窗上方左側與右側各有三個按鈕，若像圖例選擇「外掛程式」與「全部」時，會顯示所有可供安裝的外掛；選擇「已安裝」則會列出已經安裝的外掛；選「未安裝」會列出尚未安裝的外掛。

第二步：安裝所有的模組

這個步驟非常重要喔！在安裝外掛前，必須先安裝所有模組，確保外掛能順利啟用。

選擇視窗上方的「模組」和「全部」，會看到四個可安裝的模組。

依序點下綠色框的安裝按鈕後，有幾個模組需要較長時間下載與安裝，要耐心等待一下。直到畫面中的「正在安裝」轉為紅色的「移除」按鈕表示順利安裝完畢。安裝期間不要關閉視窗！如果因關閉視窗而安裝失敗，可能需完整移除電腦中的Glyphs並重新安裝一次。

安裝完畢後，請點選上方選單列的「Glyphs」，再點選「設定」，在跳出的視窗中點選「外掛」。檢查Python版本是否有顯示x.x.x (Glyphs)，確認安裝了必要的Python模組以啟用外掛。

第三步：搜尋並安裝外掛

回到「外掛程式管理員」，在右上搜尋欄打入外掛名稱或關鍵字尋找外掛。舉例來說想調整英文字母的Kerning，可以試試搜尋Kern或是Kerning，就能搜尋到相關功能的外掛了。

※ 實際操作畫面請看影片 A_外掛搜尋與安裝 .mov

每個外掛都有提供簡單功能說明與外掛製作者的Github連結，建議安裝前先到Github頁面瀏覽更詳細的外掛使用說明。

安裝外掛方法跟安裝模組一樣，只要按下安裝按鈕，等待按鈕變成紅色的「移除」就代表安裝成功。

第四步：完全關閉Glyphs程式，再重新打開

安裝完外掛後，會跳出視窗提醒要重新啟動Glyphs。大家可以安裝數個外掛後，準備開始造字前再重啟即可。記得只要有安裝新的外掛，都需要重新啟動Glyphs才能生效喔。

測量外掛

● 內建測量工具 (L)
可在拖拉滑鼠後，以灰底白數字顯示拖拉路徑中貝茲曲線的距離。但使用時畫面雜亂充滿密密麻麻的數字，且無法邊測量邊調整。

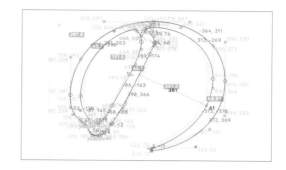

以下推薦這兩個外掛，會比內建測量工具更好用。

● Show Distance & Angle
在編輯畫面中，只要選擇兩個貝茲輪廓上的節點或錨桿控制點，即可顯示之間的距離與角度。要注意若選擇超過三個點的話是不會顯示的喔。

※ 實際操作畫面請看影片 2 B_Show Distance & Angle.mov

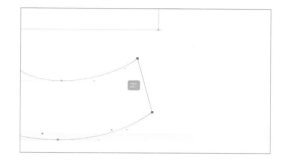

● Stem Thickness
只要將滑鼠靠近繪製好的筆畫，就會自動顯示粗細以及字腔的大小。非常直覺且好用！

※ 實際操作畫面請看影片 3 C_StemThickness.mov

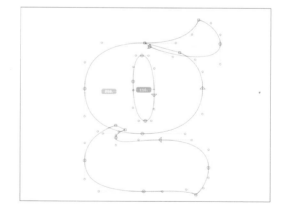

檢驗品質外掛

● Show Angled Handles
這外掛會用色彩顯示描繪貝茲曲線時可能造成的錯誤，比如：重疊路徑或節點、控制桿過長、想畫水平或垂直線卻不小心動到導致有肉眼無法察覺的角度等狀況。這些錯誤若不修正的話，可能會導致輸出成字型時，出現筆畫消失或是輪廓變形的風險喔！

※ 實際操作畫面請看影片 4 D_Show Angled Handles.mov

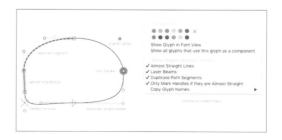

顯示資訊外掛

● 稿紙

設計中文字體時，設定參考框線有助於筆畫擺位，讓所有文字視覺大小更為一致。以我的經驗通常會設定兩個參考框（一個約字身尺寸90%的字面框作為所有字的大小基準，另一個更小的框作為「國、匡」等方形字的大小調整參考），並畫出垂直與水平中心線。

如果按之前章節3-21提到的方式，手動將參考框線貼到每個字的背景，會太浪費時間也太辛苦了。推薦使用本書譯者but製作的「稿紙」外掛，只需新增命名為 _guide.han 的字符，並在其中畫出自己想要的參考框架，就能在所有中文字中看到囉。

※ 實際操作畫面請看影片 5 E_ 稿紙 .mov

● Show Label Color

我很常使用章節1-05提到的字符資訊面板，幫字符標記上不同的顏色標籤以便分類。舉例來說：若由多位設計師合作製作一套字型時，可以幫每個人做的字標記上不同的顏色；或對自己今天所造的某些字不甚滿意，想改天再調整時，就可以標上顏色以免自己忘記等等。

若養成標記顏色的習慣，那一定要搭配這個外掛，就可以在字符編輯頁面瀏覽不同顏色標籤的字，便於分類與檢視。

※ 實際操作畫面請看影片 6 F_Show Label Color.mov

筆畫製作外掛

● BroadNibber

快速製作模擬平頭筆的筆畫造形，還可自訂角度與粗細。若想設計帶有書寫感的歐文字母及符號時，可以節省不少塑形的時間。

※ 實際操作畫面請看影片 7 G_BroadNibber.mov

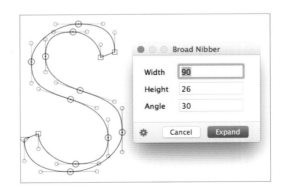

製作字型時有用的參考書籍與網站

書籍

『Typography01　フォントをつくろう！』
タイポグラフィ編輯部，グラフィック社，2012 年
　　中文版：
　　《Typography 字誌：Issue 01 造自己的字！》
　　Graphic 社編輯部、卵形，臉譜、2016 年
說明字體設計的基礎、字型製作工具、字型的製作方式、銷售方式。
介紹了使用 Fontographer、OTEdit、FontLab Studio 製作字體的方法。

『Typography12　和文の本文書体』
タイポグラフィ編輯部、グラフィック社，2017 年
以 16 頁介紹使用 Glyphs 製作日文字型的方法（基礎篇：從 1～2 個字開始製作字型、
應用篇：製作平假名的字型）。

『+DESIGNING VOLUME 40　文字と組版、字體と字型』
＋DESIGNING 編輯部，マイナビ，2015 年
特輯專欄裡有介紹 Glyphs 的用法，還有詳細說明與 Illustrator 連動的使用方式。

『もじ部 書体デザイナーに聞く デザインの背景・フォント選びと使い方のコツ』
雪朱里，グラフィック社，2015 年
　　中文版：
　　《文字部：造字 x 用字 x 排字 14 組世界頂尖字體設計師的字型課》
　　雪朱里著、Graphic 社編輯部，臉譜，2018
本書取材 8 組字體設計師，囊括字型製作、選擇、使用方式的技巧等豐富的內容。全
書以對話形式呈現，平易易讀，又能得到製作字型的實用資訊。

『デジタル文字デザイン 上級コース　Illustrator による文字づくり』
成澤正信，ライフ通信，2006 年
這本書雖然是以 Illustrator 介紹字體設計，不過很詳盡平衡說明了日文、歐文字體設
計的基礎與製作方式，是本推薦的佳作。

『欧文書体のつくり方　美しいカーブと心地よい字並びのために』
小林章，Book&Design，2020 年
　　中文版：
　　《歐文字體設計方法：微調錯視現象與關鍵細節，掌握歐文字體設計體感》
　　小林章著，曾國榕譯，臉譜，2022 年
『歐文字體』系列的第 3 冊，解說歐文字體設計。詳細說明了大寫字母、小寫字母、義
大利體、數字，以及錯覺調整、間距調整的細節。

『Making Fonts!: Der Einstieg ins professionelle Type-Design』
Chris Campe、Ulrike Rausch，Schmidt Hermann Verlag，2019 年
這本書最接近本書的內容，不過不是用 Glyphs 的畫面，而是以插圖進行說明。原書
是德文著作，2022 年由 Gingko Press 發行了英文版。

網站

Glyphs Handbook
https://glyphsapp.com/learn/
Glyphs 官方的使用手冊，可在網站上下載 PDF。目前 Glyphs 3 只有英文版，Glyphs
2.3 則有日文版。

Glyphs チュートリアル
https://www.youtube.com/user/Toschez/videos/
本書作者之一，大曲都市的 Glyphs 教學 YouTube 頻道（日文）。相當好懂。

mottainaiDTP
http://mottainaidtp.seesaa.net/
本書作者之一，照山裕爾的部落格。有 InDesign 相關資訊外，也有一些 Glyphs、
字型製作相關資訊。

ものかの
https://tama-san.com/category/font-glyphs/
本書作者之一，丸山邦朋的部落格。有 InDesign 相關資訊外，還有 Glyphs 與
Unicode 的詳細資訊。

Adobe Typekit Blog　Glyphs で作る和文フォント
https://blog.typekit.com/alternate/glyphs-setting/
本書作者之一，吉田大成所寫的部落格連載。配合 Glyphs 實際操作畫面的解說非常
好懂。

Glyphs 日本支部
https://www.facebook.com/groups/1464028557152286/
Facebook 上對日本 Glyphs 使用者開設的社群，作爲資訊交換與疑難問答。

Glyphs 台灣分部
https://www.facebook.com/groups/glyphszhtw
Facebook 上對台灣以及繁體中文 Glyphs 使用者開設的社群，作爲資訊交換與疑難問
答。

殷慈遠 字體＆遊戲頻道
https://www.youtube.com/@ 殷慈遠字體遊戲
字體設計師殷慈遠的字體設計 YouTube 頻道（日文）。分享 Glyphs 使用教學以及字體
設計知識。

索引

Glyphsではじめるフォント制作@2022 BNN, Inc.
Originally published in Japan in 2022 by BNN, Inc.
Complex Chinese translation rights arranged through AMANN CO., LTD.

藝術叢書 FI1064

用Glyphs第一次製作字型就上手

降低字型製作門檻，從購買、介面說明到製作字型，全方位實作入門攻略

Glyphsではじめるフォント制作

作者／大曲都市、照山裕爾、丸山邦朋、吉田大成
附錄作者／柯志杰、曾國榕
譯者／柯志杰
行銷／陳彩玉、林詩玟
業務／李再星、李振東、林佩瑜
原書設計／山田和寬 + 佐佐木英子（nipponia）、平山皆美
封面設計／ddd.pizza
內頁設計／傅婉琪

副總編輯／陳雨柔
編輯總監／劉麗真
事業群總經理／謝至平
發行人／何飛鵬
出版／臉譜出版
　　　台北市南港區昆陽街16號4樓
　　　電話：886-2-2500-0888　傳真：886-2-2500-1951

發行／英屬蓋曼群島商家庭傳媒股份有限公司城邦分公司
　　　台北市南港區昆陽街16號8樓
　　　客服專線：02-25007718；02-25007719
　　　24小時傳真專線：02-25001990；02-25001991
　　　服務時間：週一至週五上午09:30-12:00；下午13:30-17:00
　　　劃撥帳號：19863813　戶名：書虫股份有限公司
　　　讀者服務信箱：service@readingclub.com.tw
　　　城邦網址：http://www.cite.com.tw

香港發行所／城邦（香港）出版集團有限公司
　　　香港九龍土瓜灣土瓜灣道86號順聯工業大廈6樓A室
　　　電話：852-25086231　傳真：852-25789337
　　　電子信箱：hkcite@biznetvigator.com
馬新發行所／城邦（新、馬）出版集團
　　　Cite（M）Sdn. Bhd.（458372U）
　　　41, Jalan Radin Anum, Bandar Baru Seri Petaling,
　　　57000 Kuala Lumpur, Malaysia.
　　　電話：+6(03)-90563833　傳真：+6(03)-90576622
　　　電子信箱：services@cite.my

一版一刷／2024年10月
ISBN／9786263155503（平裝）
　　　　9786263155619（EPUB）
版權所有·翻印必究
售價／650元
（本書如有缺頁、破損、倒裝，請寄回更換）

〔國家圖書館出版品預行編目(CIP)資料〕

用Glyphs第一次製作字型就上手
降低字型製作門檻，從購買、介面說明到製作字型，
全方位實作入門攻略／大曲都市, 照山裕爾, 丸山邦朋,
吉田大成, 曾國榕, 柯志杰作；柯志杰譯. -- 一版. -- 臺
北市：臉譜出版：英屬蓋曼群島商家庭傳媒股份有限公
司城邦分公司發行, 2024.10
　　面；　公分. -- (藝術叢書 ;FI1064)
譯自：Glyphsではじめるフォント制作
ISBN 978-626-315-550-3(平裝)

1.CST: 字體 2.CST: 電腦軟體 3.CST: 平面設計
962　　　　　　　　　　　　　　　113012004